「獺祭」的挑戰

從深山揚名世界的日本酒傳奇

The challenge of
DASSAI
From the mountains to the wo

弘兼憲史 著
HIROKANE PRODUCTIO
黃詩婷 譯

目錄

「獺祭」的挑戰

「獺祭」成功的秘密

製酒就是打造夢想
開拓日本酒的新時代

旭酒造株式會社　會長　櫻井博志

「獺祭」的挑戰

從深山揚名世界的日本酒傳奇

弘兼憲史 著

HIROKANE PRODUCTION

谷底

櫻井博志　三十四歲
社長現在正飄往天國了。
博志先生，雖然您六年前曾經離開過「旭酒造」去從事別的工作，但我們員工只能靠您了。

還請務必回來
接任社長，
拜託了。
一九八四年我就任社長時，
旭酒造是山口縣岩國市的四個酒造當中，
敬陪末座的酒廠。
對此現況
我不禁愕然。
這樣不行哪，
得想想辦法……

偏不巧當時日本正流行著燒酒的風潮，日本酒的銷售量也驟減。旭酒造與前一年相比，銷售也減少了十五%。這十年來一直都是下降的情況。
我們的主力商品是這瓶「旭富士」嗎……
大家認為要提高銷售量，有什麼方法？
想來還是用低價策略吧！
……
試著調低定價嗎？
豪華
旭富士

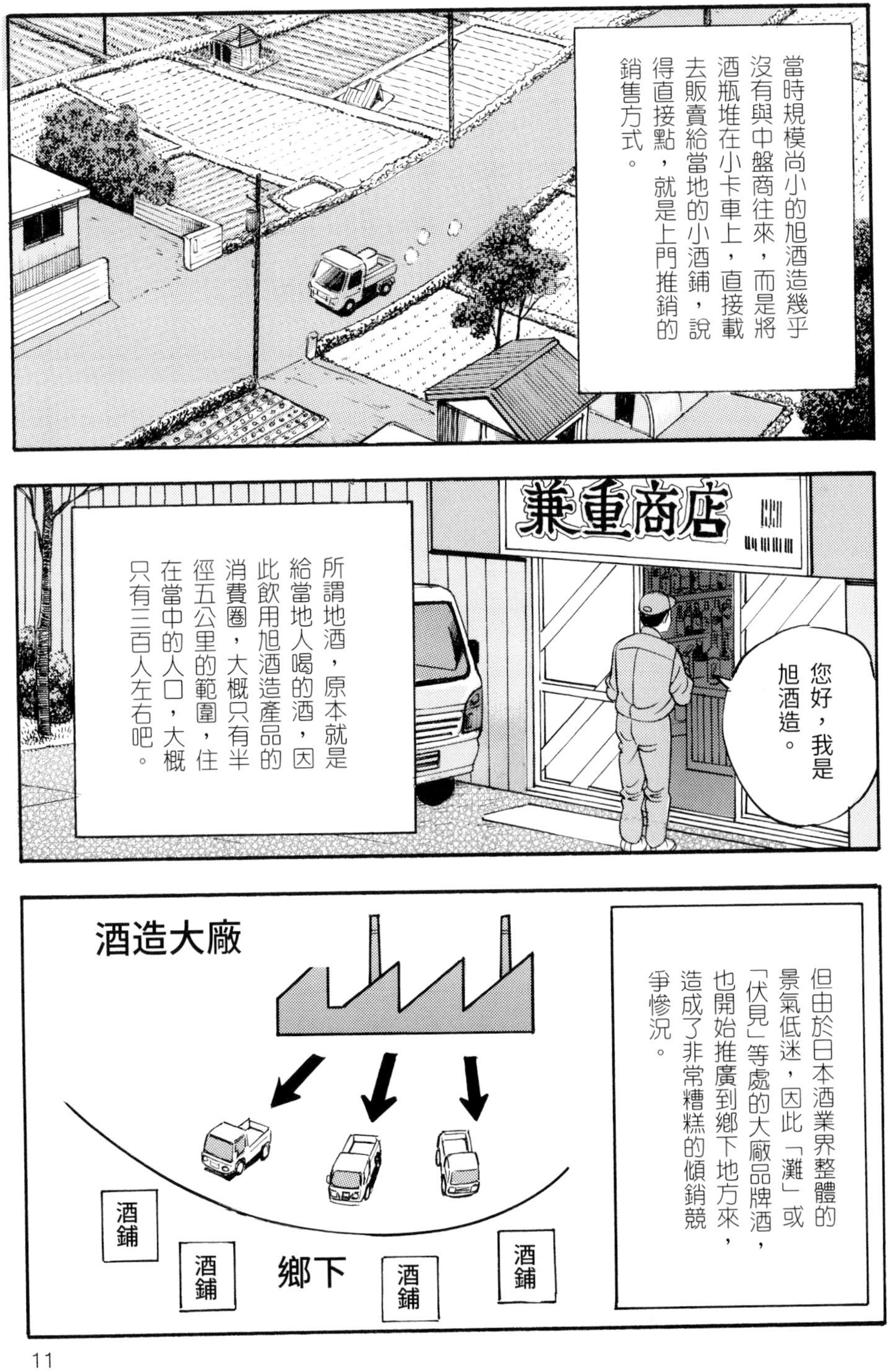
當時規模尚小的旭酒造幾乎沒有與中盤商往來，而是將酒瓶堆在小卡車上，直接載去販賣給當地的小酒鋪，說得直接點，就是上門推銷的銷售方式。
兼重商店
您好，我是旭酒造。
所謂地酒，原本就是給當地人喝的酒，因此飲用旭酒造產品的消費圈，大概只有半徑五公里的範圍，住在當中的人口，大概只有三百人左右吧。
但由於日本酒業界整體的景氣低迷，因此「灘」或「伏見」等處的大廠品牌酒，也開始推廣到鄉下地方來，造成了非常糟糕的傾銷競爭慘況。
酒造大廠
酒鋪
酒鋪
鄉下
酒鋪
酒鋪

老婆婆！
新酒完成了，請您務必進貨。
哎呀，前幾天那位經手伏見××酒造的中盤商老闆來過呢！
說我買一瓶就給三十元的折扣呀，買十瓶的話還會再送兩瓶……
您那兒可以給我多少優惠呀？比這條件好的話我當然會買啦。
這個折扣戰害慘了整個日本酒業界，雖然中盤商根本不痛不癢，但是背負著成本的酒藏卻接二連三被迫歇業。
這樣下去，我們公司也只能等著倒閉了呀。
連員工的薪水都付不出來了。
加油啊！石材業那邊還有賺錢，就從那邊調吧！
櫻井禮子（妻）

其實我在大學畢業後，前往灘那裡的大型酒造公司上班，在那裡工作了三年之後才回到我老家旭酒造。
旭富士

但因為和父親有些合不來，所以我又離開自家公司，開始做搬運石材的工作。

沒想到石材業的經營狀況非常好，每年都獲利不少。不過因為我回到旭酒造、工作變忙了之後，石材業的部分就交給了妻子，因此就請妻子將石材業的盈餘轉到酒造這邊。
要是沒有妻子，我真不知道旭酒造能不能夠存活下來。

各位！這樣下去不行啊，得想點辦法將東西賣出去！
社長！其他家的酒還會附送贈品呢！
我們是不是也來做些什麼？
旭富士
因此我們試著附上小菜盤等這類的小東西，但做這些贈品又會提高成本，結果還是消耗戰，並沒有什麼效果。
社長！三瀨川那裡開了一間新的酒鋪，是不是該過去祝賀一下？
好！快包紅包！多一點！
本酒店
祝
祝開店
藤本酒店
サントリー
雖然盡量包了足以撐場面的高額紅包過去，但也徒勞無功，並沒有解決根本的問題。

社長！我去了前幾天在外環道路旁邊開張的大型酒類量販店，結果發現這種東西。
一公升紙盒裝的酒嗎！
日本平
日桂冠
灘和伏見等地的大廠都在做這種東西。
原來如此！雖然裝箱比較花功夫，但我們現在有的是人力。
試著做做看吧！
這款紙盒裝的旭富士意外暢銷，有段時間甚至占了出貨量的兩成……
但並沒能持續多久，還是無法對抗大廠的以量制價，最後仍然入不敷出，只好放棄。
旭富士
唔──
性

這該如何是好？
實在是沒有辦法了。
應該說無法可想吧，畢竟整個日本酒製造業都陷入了長期衰退。
大廠的酒不是很暢銷嗎？
畢竟銷售圈不一樣啊，他們有做電視廣告，東西賣到全國呢！
五橋
黒松
「就算不賣到全國，岩國市前兩名的廠商不也是生意挺好的嗎？」
「岩國市畢竟也有十萬人口，市場規模和我們這裡不一樣。」
員工都一副想放棄的樣子，也感受不出他們想要工作的意願。雖然能清晰條列出商品銷售差的理由，卻完全沒有辦法提出任何點子來解決「那麼該如何是好？」的問題。

一九八八年一月。
獲得優勝的是大關旭富士！在冠亞軍賽當中擊敗橫綱千代的富士，首次取得獲勝！
旭富士!?
機會降臨了！那時候我真的這麼想！

（隆——）

（東京車站）

ゴ
想要推銷就得趁現在！絕對不能放過這個機會，得離開這個鄉下小商圈，往全國邁進。
東京駅
新春特売セール
全国絶品名
初春バー
您好，抱歉突然來訪，我來自山口縣的旭酒造公司，敝姓櫻井。
噢……
Whiskey

這是我們生產的日本酒「旭富士」。
不知道是否能夠作為慶賀旭富士首次優勝，在您店裡擺上一瓶呢？
您說是哪裡的酒？咦？山口縣？
山口縣也有酒造啊？
我說那個，能夠進到百貨公司裡的日本酒，真的都是一些好酒喔！
貴廠的酒有什麼特徵？
唔……
「賣點」就只有和大關「旭富士」同名而已。
這樣的話對方自然不會理會……這是理所當然的。
但若是旭富士出身地青森縣的話……去一趟看看吧。

（青森車站）
あおもり駅
結果當然是淒慘無比。這個業界可沒這麼輕鬆，抱持著那樣隨性的想法不可能把東西賣掉。
若是個優秀的經營者，應該會在此時選擇關閉酒藏。

而我並不是個
優秀的經營者。
唉，禮子啊。
怎麼啦？
靠妳親戚家石材店介紹的石材事業，現在反而成了像是我們的救世主呢！
是呀，幸好那邊有賺錢，也才能發薪水給旭酒造的員工……

有時候我忍不住會想，石材業明明那麼順利，要是我沒繼承酒藏，好好做石材業不是很好嗎？
我說呀，會賺錢的石材業和不賺錢的酒藏，哪邊你做得比較開心？
……
不管是多缺錢、還是有多辛苦，我還是覺得酒造這邊開心得多了。
那樣的話你就拚命去製酒吧！資金運轉方面，我會從石材業這邊想辦法的。
正因為有這句話，我才能繼續努力。

小小的酒藏……
在那裡工作的所有員工、還有年紀尚幼的兩個孩子……這樣下去真的不行，這件事我非常明白。

現在正是一決生死背水一戰的時刻，
這樣的話，能嘗試的事情都應該要做做看吧！
如果沒辦法從頭有所改變的話，根本無法脫離現況。
旭富士
只有普通是不行的，普通亦即意味著敗北。
小小的酒藏能做到的強項是什麼？
如果不是規模小的廠家就無法打造，而且就算少量也能受人喜愛的酒是什麼……

對了，就做純米大吟釀吧！
在這個酒藏，打造出真正好喝的酒吧！只要能做出好喝的酒，一定能賣得出去。
我知道這非常困難！但若不去挑戰，就無法拓展眼前的道路！就算說我有勇無謀，或說我是笨蛋，我還是要挑戰！

獺祭的誕生

旭富士
咦？
純米大吟釀嗎？

沒錯，要做好喝的酒。

藏元！＊
你知道純米大吟釀要耗費多少功夫嗎？
杜氏＊ 熊林和廣（假名）
旭酒造
旭酒造

（＊藏元：酒廠主管）（＊杜氏：首席釀酒師）

我們原先都只想著要怎麼賣酒，根本沒有把「做出好喝的酒」這件事情放在心上。
這樣無論做了多少東西都賣不掉啊！
恕我必須反駁，藏元您對於製酒的了解根本就是個門外漢，所以才能隨口說那種話。
大吟釀要耗費的功夫可不能小覷啊！
旭酒
能夠被稱為大吟釀，要將酒米研磨到五〇%以下才行啊！這您也知道吧！
這種事情我當然知道！
旭酒造
酒米的外層包含了蛋白質及脂肪這類會成為雜味的成分，因此只要將外層研磨掉越多，就能去除越多雜味，也就越容易入口。

藏元！就算是磨掉五○%以上，品質其實也不會有太大改變，這是業界大家都知道的常識。
這個業界常識真的是正確的嗎？如果其實是錯的呢？
這個世界上有許多沒人發現的錯誤「常識」。
我從日本各地收集資料研究，知道業界有個專有名詞叫做YK35。
YK35
YK35？那是什麼啊？
這個男人雖然是杜氏，卻不太了解大吟釀。
Y是山田錦、K是熊本酵母，35是精米比例，也就是三十五%。
要馬上做到三十五%，我想應該還是有困難，因此就先從精米比例五○%開始做起吧！

就這樣，我們做出了第一批大吟釀。
……
（咕咕咕……）
トク
トク
トク
トク
……
咕嚕
……

哎呀……
這好糟糕啊！
的確。
不僅沒有香氣……
還有種酸味。
所以我不是說了，
大吟釀很難嗎！
做起來
很麻煩啊！
那麼，為什麼我們買
其他酒藏的大吟釀卻
這麼好喝？
呃……
我不知道。
這個時候，
我徹底明白了，
這位杜氏
派不上用場。
專家不一定就能贏過門外漢。就算是壽司店，也不是只有好吃的店，一樣有難吃到無法下嚥的店家。園藝師當中也有品味高超的人，和一些根本只是隨便剪剪的傢伙。
但我們卻把這些人，
都一概稱為專家。

好，我決定了。製作酒的權限掌握在身為藏元的我手上，我不能聽從這個不怎麼樣的杜氏所言。
雖然我對於製酒的過程一點也不了解，但至少在分辨口味好壞方面，我可是比他清楚得很。
相信自己的舌頭，自己來決定口味。
如果這樣還是不行，那就沒辦法了。
總之這批大吟釀放著也不是辦法，我希望能趕快處理掉，就裝成不殺菌三百毫升的生酒賣掉吧！
說的也是。並沒有人販售這種類型的生酒，說不定會有人買。

但是這款難喝的旭富士居然非常暢銷。
旭富士
咦！賣完了？
為什麼？這種酒怎麼會暢銷？
可能是因為媒體有報導吧。
只可能是這樣。
因為地方上的報紙和電視有報導，說是一款少見的酒，我想應該是宣傳的效果吧。
雖然這種生酒很少見，不過沒喝過生酒的人也很多，所以才會莫名其妙的暢銷吧？
嗯——

原來如此！出現在媒體上，就能夠發揮媒體的力量啊！
幸好這次是往好的方向走，要是發生相反的情況，那可就糟糕了。
能力不足的杜氏離開了。
而工業技術中心的人，介紹了另一位杜氏給我。
杜氏 但馬吉三（假名）
但馬先生，我想在這間酒造打造好喝的大吟釀。
咦？大吟釀？

……
我沒有做過呢！
真是老實的男人，應該可以相信他。
這樣啊，我知道了！
之後我前往評價甚高藏元的酒造拜訪，詢問了許多事情。
我一心只想做出真正好的大吟釀，在那時候看見了一篇採訪靜岡酒的業界雜誌報導。
靜岡是有著來自富士山名水之處，加上現在具備了能冷藏保存酒槽的技術，因此靜岡也成為日本屈指可數的銘酒釀造地。
撰寫這篇報導的人，是靜岡縣工業試驗場的河村傳兵衛先生。
IWAIZAKE KAIUN
祝酒
開運
純米
磯自慢

河村先生寫的靜岡縣吟釀製酒報導，內容實在非常棒。
原來如此……
（噠噠噠！）
タッ
タッ
タッ
旭富士
老爹！
老爹！我找到一篇寫製造吟釀的報導，寫得很棒呢！

在打造大吟釀這方面，我們畢竟是初學者，可能還是應該老老實實從頭學起吧。
請試著用這種方法做做看。
咦？
要模仿別人嗎？
沒錯。沒辦法保證能夠非常順利，但如果什麼都不做，根本無法開始。
……
我明白了，就做做看吧。
新來的杜氏並不會受縛於莫名的自豪，是個老實人。
旭富士

（咕嚕，咕嚕……）

（啜飲）

的確很好喝！
這是我第一次釀造，沒想到會這麼順利……
真好喝！
有大吟釀的味道。
真的好喝！
但馬先生，幸好我們是完全沒有經驗的。
以往的杜氏都是依靠自己的經驗來製酒的，但這款大吟釀是忠實依據理論製作的。
要做好的日本酒不能光靠感覺。
我認為今後的時代應該要收集數據，將最佳狀態化為數值來打造才對！

藏元，但新的大吟釀是依照河村先生的流程打造的，並不是我們的酒。

嗯，這我明白。而且這和靜岡的銘酒相比，恐怕連六十分都不到吧。
剩下的四十分，就必須要用我們獨特的方式打造起來才行。
接下來還有很長的路要走。
嗯，接下來才重要。
清酒
您好——
嗨。
我們做了新的大吟釀，請您品嘗看看。
大吟醸
入荷しました

唔嗯……
還行啦。
對吧！
可以在這兒擺個幾瓶嗎？
這個，是旭富士吧。
雖然變好喝了，但要是沒有什麼折扣的話，還是很難賣掉喔。
特級酒 豪華 旭富士
……噢。
也就是說，旭富士在這個地方，給人一種輸家的印象。
這該如何是好？

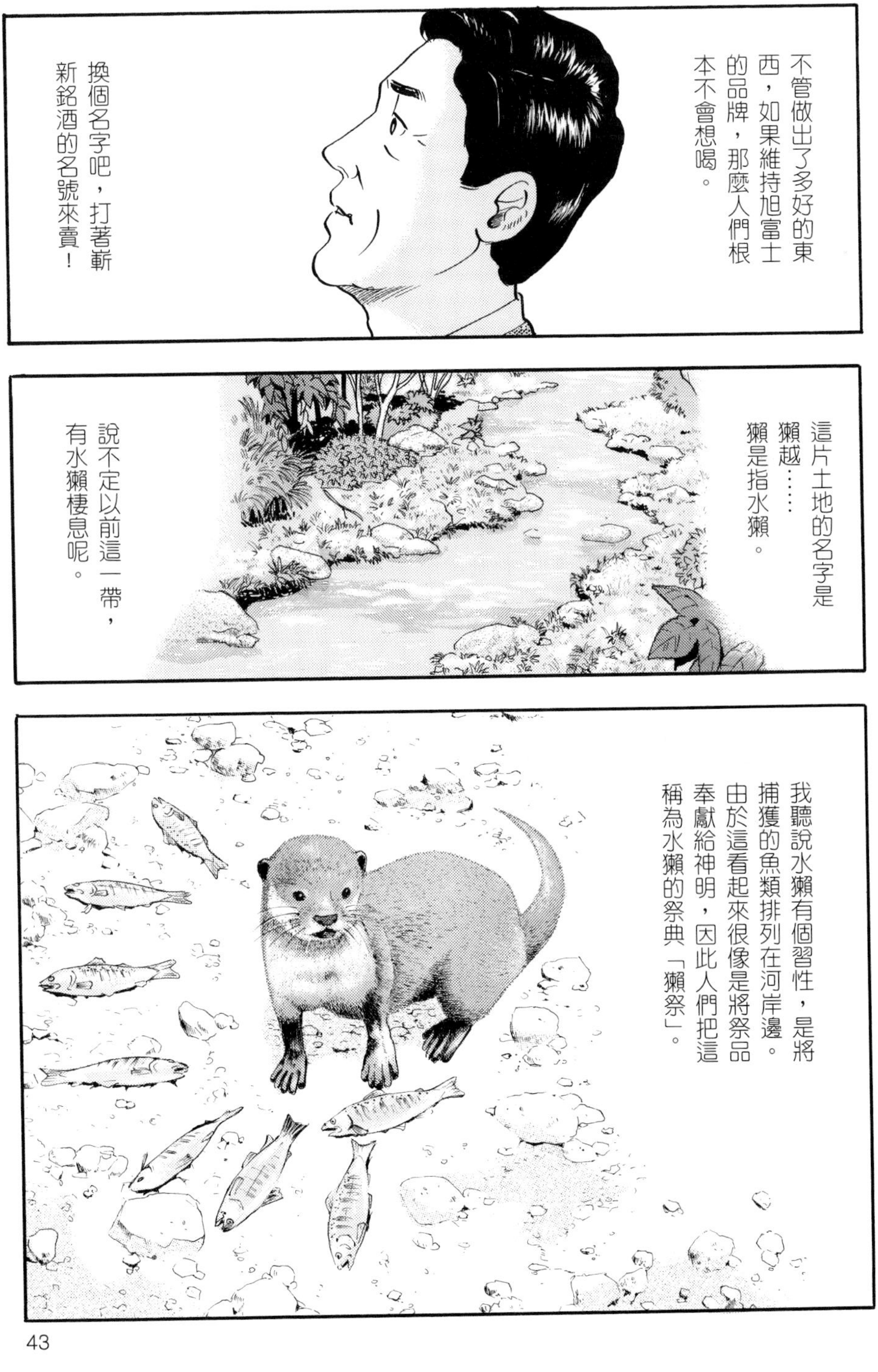

不管做出了多好的東西，如果維持旭富士的品牌，那麼人們根本不會想喝。
換個名字吧，打著嶄新銘酒的名號來賣！
這片土地的名字是獺越……獺是指水獺。
說不定以前這一帶，有水獺棲息呢。
我聽說水獺有個習性，是將捕獲的魚類排列在河岸邊。由於這看起來很像是將祭品奉獻給神明，因此人們把這稱為水獺的祭典「獺祭」。

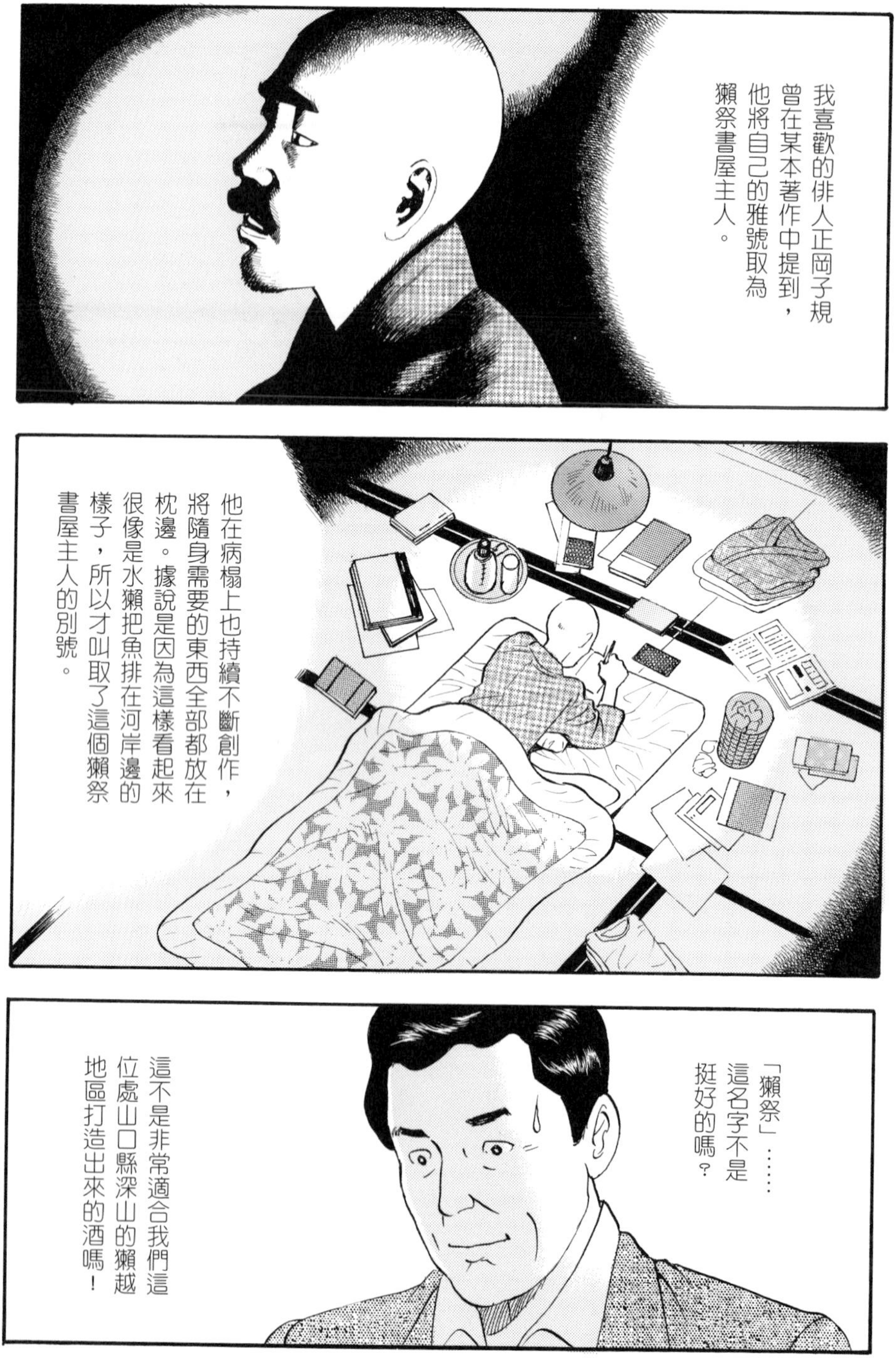
我喜歡的俳人正岡子規曾在某本著作中提到，他將自己的雅號取為獺祭書屋主人。
他在病榻上也持續不斷創作，將隨身需要的東西全部都放在枕邊。據說是因為這樣看起來很像是水獺把魚排在河岸邊的樣子，所以才叫取了這個獺祭書屋主人的別號。
「獺祭」……這名字不是挺好的嗎？
這不是非常適合我們這位處山口縣深山的獺越地區打造出來的酒嗎！

老爹！旭富士賣不出去，換這個名字吧。
噢！這個……要怎麼唸啊？
DASSAI。
這個大家應該都不會唸啊，取這種名字好嗎？
嗯，這個好！這個題款是我請認識的書法家寫的，字型也很美，我很喜歡。
總覺得這個名字在呼喚我。

酒標也不再是鄉巴佬隨便做做的設計，弄得嶄新一些。
在白底上只寫下墨痕鮮明的「獺祭」兩個字，力道強烈又簡單，是非常讓人震撼的酒標。
噢……這樣子啊。
就是這樣。
一九九〇年，純米大吟釀「獺祭」就此誕生。
獺祭

將危機化為轉機！

獺祭

我自信滿滿做出了「獺祭」，但是地方上認為輸家的酒藏酒不好賣，連酒鋪都不肯進貨。
好，去東京吧！在比較大的商圈裡面，打著高級酒的招牌，只以部分消費者作為顧客對象來一決勝負。

在東京，新潟的酒非常受歡迎。
有一百種以上的知名銘酒。
但是，山口縣的酒卻是屈指可數……
這就是我的機會！
出身山口縣卻在東京工作的人並不少，如果那些人在居酒屋……
有山口縣的酒嗎？
開口這樣問，那麼應該會有幾分之一的可能，選到「獺祭」這款酒。
而且由於這款酒的名字並不好唸，所以「獺祭」兩字反而會被記住。
這個真是好喝～～
畢竟味道好，就能夠口耳相傳，能把好評傳出去才對。

就靠精米的比例
來一決勝負。
「獺祭」前進東京的
第一年，是以精米
五○％和四十五％的
大吟釀去打拚市場，
到了第二年……
獺祭
DASSAI 45
各位，請聽我說！
今年要努力，挑戰做
出精米二十五％的日
本第一大吟釀！
咦！
要這麼大膽嗎？
這表示要把七十五％
都磨掉耶？
沒錯。
只使用山田錦的米芯，
做出幾乎完全沒有雜味
的純淨日本酒！
到了出差地
卻……
（隆——）
ゴ

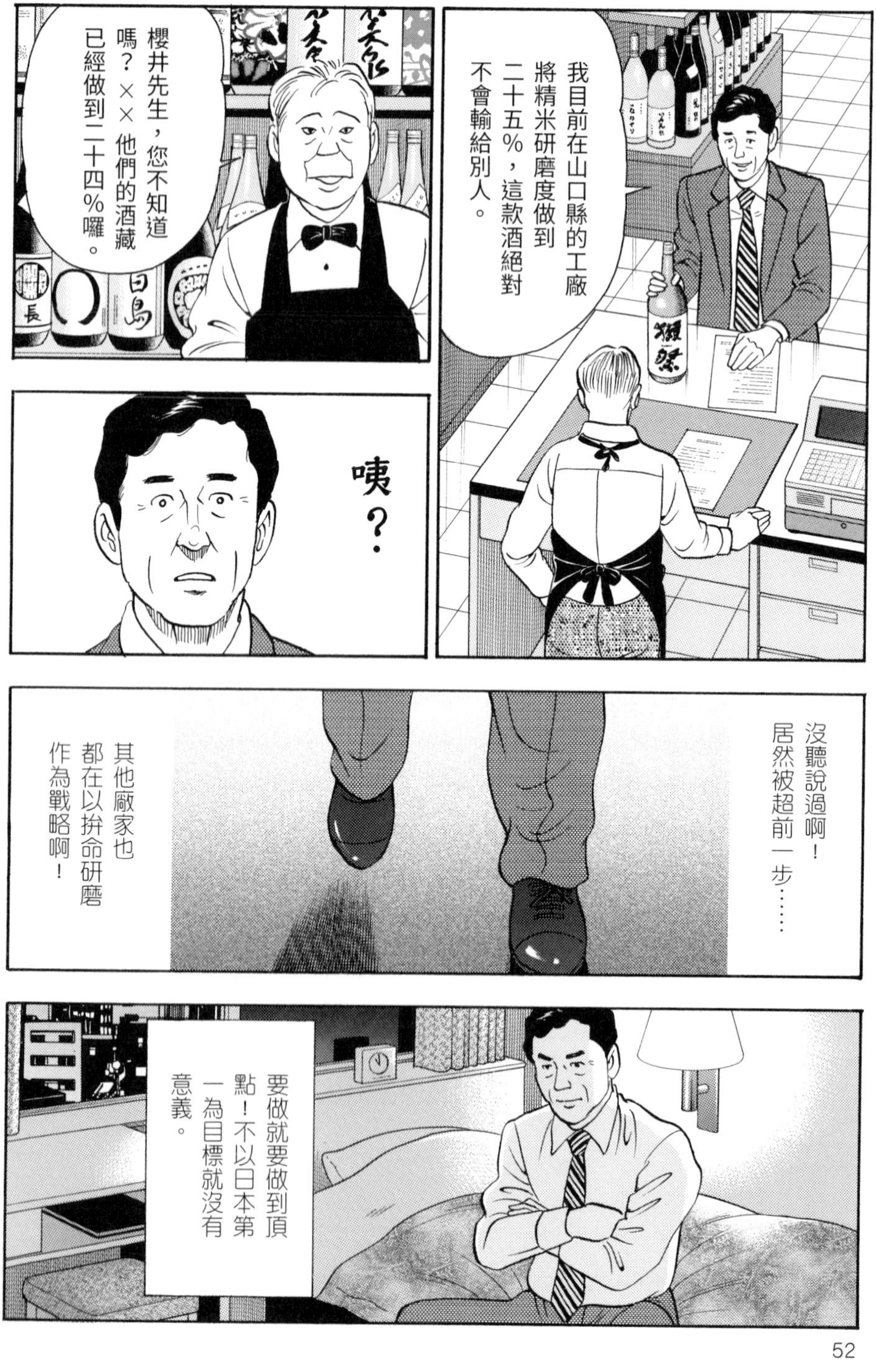
我目前在山口縣的工廠將精米研磨度做到二十五%，這款酒絕對不會輸給別人。
櫻井先生，您不知道嗎？××他們的酒藏已經做到二十四%囉。
咦？
沒聽說過啊！居然被超前一步……
其他廠家也都在以拚命研磨作為戰略啊！
要做就要做到頂點！不以日本第一為目標就沒有意義。

隆——
好！我決定了。
嗶
嗶
嗶
啊，喂，是我。精米還順利嗎？
是的，已經過了六天六夜，我想應該磨得很不錯。
那個啊，可以再多磨二%，削到剩下二十三%嗎？

咦！再多二%？
這太勉強了，再要多磨二%的話，得再多花二十四小時啊。
而且長時間持續研磨，溫度也會上升，會造成米開始乾燥而破裂，這樣沒辦法製酒啊！
我明白。
我知道這非常勉強，但就去做吧！
於是「二割三分」的獺祭就此誕生，這項技術讓全世界感到驚嘆。
那是一九九二年的事情。
獺祭
DASSAI 23

之後我朝更困難的事情挑戰。
獺祭
だっさい
製酒當中有個詞彙叫做「寒造」，也就是在氣溫寒冷的冬季製酒，並且在春天出貨。因此夏天的酒藏是不事生產的，成為一處沒有用的設施。

對了！這段夏季時間，就打造岩國的地方啤酒吧！這樣一來冬天可以做日本酒，夏天做啤酒，整年都能生產酒類，員工也整年可以工作。
我覺得這是個好主意！

但是，這個點子與其說是嶄新的挑戰，還不如說是有勇無謀。因為投資在地啤酒餐廳的幾億日圓，彷彿丟進了水裡。
當地的反應非常冷淡，甚至傳出了旭酒造就要倒閉的風聲。不過這個危機，卻為之後帶來了非常大的轉機。

咦？要辭職？
杜氏　但馬吉三
真是抱歉。其他酒藏邀請我過去，因此我會到那邊工作。
！
為什麼呢？
櫻井先生，你明明是日本酒藏的老闆，卻動起了在地啤酒和經營餐廳的腦筋吧？結果就跟預料中的一樣，非常淒慘。
就連明天的資金都不曉得在哪裡，在這樣的酒藏工作，我對自己的生活也會感到不安，並且我也不認為這樣能夠好好執行所構思的製酒。

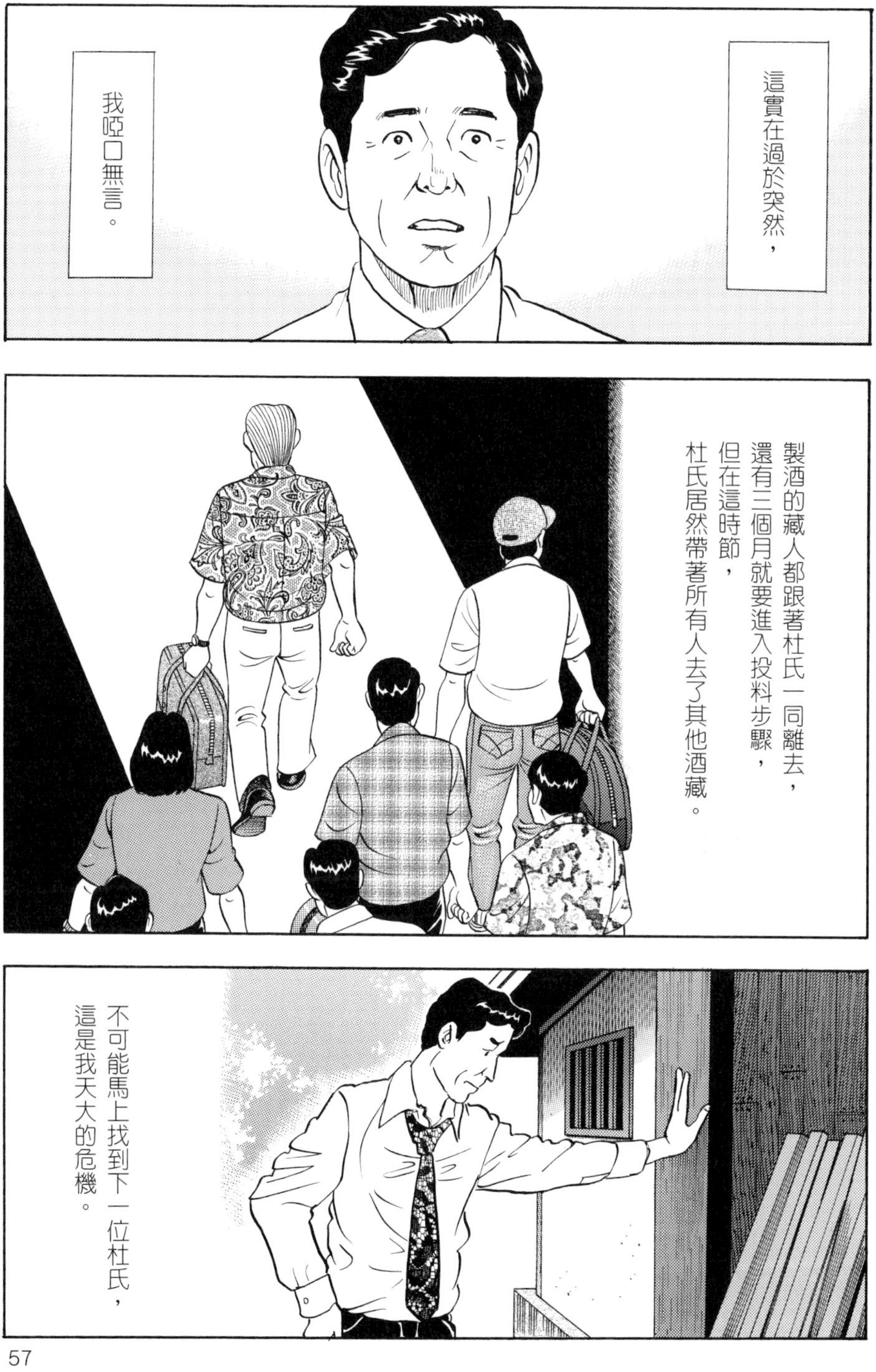
這實在過於突然，
我啞口無言。
製酒的藏人都跟著杜氏一同離去，
還有三個月就要進入投料步驟，
但在這時節，
杜氏居然帶著所有人去了其他酒藏。
不可能馬上找到下一位杜氏，
這是我天大的危機。

等等……
我真的需要杜氏嗎？
再重新想想杜氏制度。所謂杜氏，幾乎都是從農漁村那裡來的，是在農閒時期或者無法捕魚的時候才來「賺外快」的勞動人員。
那個時候他們會帶一些村子裡的年輕人一起過來，那些人就被稱為藏人。
他們在一定的時間內會在藏元的倉庫製酒，而藏元整年都在賣那些酒。
對於這些藏人來說，這只不過是打工而已。因此並不會想要做些累人、或者是嶄新的事情。

而且他們製酒完全依賴杜氏的經驗以及直覺，但是他們的直覺裡，有多少是能夠讓人信賴的呢？
而提起所謂經驗，製酒一年也才不過一次，就算是老資格一點的，一輩子大概也就二十到三十次經驗。
這麼說來，之前也有過那種事情……
開始釀造大吟釀之後，我們的米要用手洗。
用機器來洗的話，會無法因應當天的溫度以及濕度，都用一樣的條件下去洗，這樣不行。
最重要的就是讓米粒吸收多少水分，這方面要是太過疏忽，之後米粒的溶解方式或者麴菌的繁殖狀況都無法維持穩定，這樣會無法打造出品質穩定的酒。
所以洗米工作，要用手工來慎重進行！

社長，要求藏人們做那種累死人的工作，大家都會跑回家的。
不可能。
杜氏會從鄉間地區帶來年輕的藏人們，若是讓他們在這裡做辛苦的工作，自己在地方上的聲望就會一落千丈。
因此，盡可能不讓他們做辛苦的工作。
沒錯，如果排除杜氏，自己來做這些工作的話，就能夠做我想做的酒了。也可以不詢問杜氏的意見，一直在錯誤中嘗試到出現我自己能接受的結果。
今後我自己要負責原先杜氏的工作，和旭酒造的員工齊心合力，打造出不輸給其他人的酒。

一直以來，我都對於老舊的日本酒業界抱持著疑問。
山口深山小酒藏
獺祭
だっさい
杜氏制度便是當中最為奇怪的。農漁村現在也已經高齡化，因此能夠成為杜氏的人也逐漸減少，這樣下去日本酒會消失的。將來的時代，杜氏的工作肯定得要藏元的人自己來做。
也不能維持在地生產在地銷售，只在鄉下地方賣當地生產的酒。鄉下地方的小酒廠互相競爭也無聊透頂，老做這種事情，日本酒業界一定會完蛋。
今後，應該要由年輕的藏元及杜氏們來推敲資料、交換手上的資訊，這樣才能夠提升業界整體。
不管周圍的人怎麼說，我都無所謂。
現在，正是我從老舊體制中脫離的時刻！

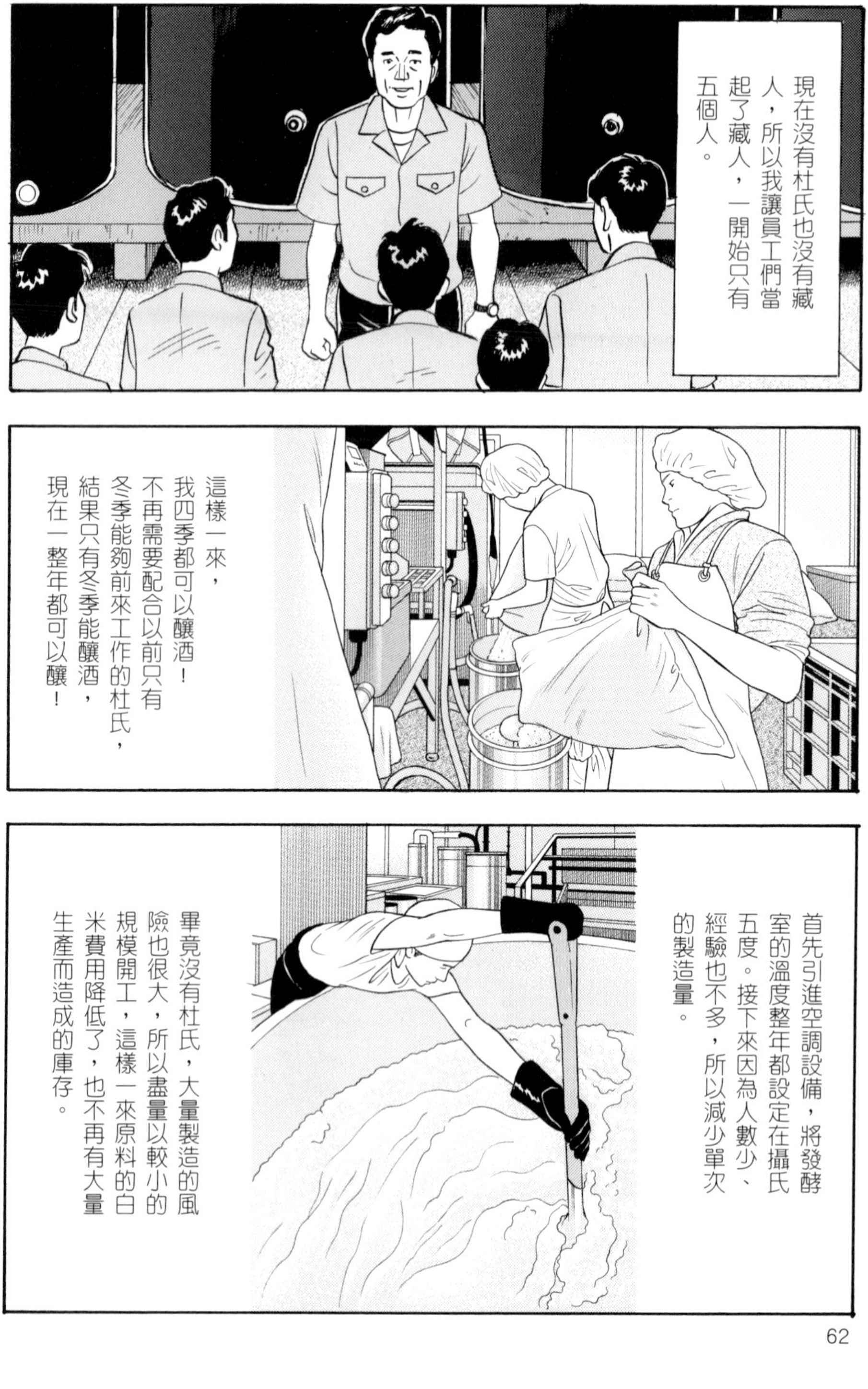
現在沒有杜氏也沒有藏人，所以我讓員工們當起了藏人，一開始只有五個人。
這樣一來，我四季都可以釀酒！不再需要配合以前只有冬季能夠前來工作的杜氏，結果只有冬季能釀酒，現在一整年都可以釀！
首先引進空調設備，將發酵室的溫度整年都設定在攝氏五度。接下來因為人數少、經驗也不多，所以減少單次的製造量。
畢竟沒有杜氏，大量製造的風險也很大，所以盡量以較小的規模開工，這樣一來原料的白米費用降低了，也不再有大量生產而造成的庫存。

另外，由於杜氏離職，人事費用也直接降低。畢竟藏人也都走了，一整年的人事費用減少了兩千萬日圓。
結果所有事情都往好的方向走，三年後就轉為獲利，將先前五年累積下來的赤字一筆勾銷。
業餘集團釀酒，靠的是數值及資料所打造出的流程。
精米、洗米、蒸米、造麴、投料、上槽、裝瓶這些流程資訊，全部都整理成檔案，將原先的「經驗與感覺」換成「數值管理」。
結果（雖是理所當然）第一次挑戰釀酒的業餘集團所打造的「獺祭」，還比原先杜氏打造的「獺祭」更有吟釀酒該有的樣子。

傳統那種依賴杜氏製酒的方式，也許比較能夠讓人們對產品有信心。
但是要打造出真正好喝的酒，卻不能只靠傳統及杜氏的直覺。能夠一年四季都釀酒，才會有大量的釀造經驗，利用這些經驗不斷在錯誤中嘗試，才能有好的結果。
我想旭酒造的員工藏人，大概只需要一年，所做的投料次數經驗就超過杜氏一輩子做的量。
這就是我們公司的強項。
在杜氏逃離的危機下，萌發了轉機的新芽。
而我也確實掌握住了。

這個時候，在販售交易方面也產生很大的變化。
原先一年銷售七千萬日圓的中盤商，銷售金額都沒有起色，這是怎麼回事？
那間中盤商說日本酒沒救了，所以沒有幫我們推銷的意思。
太奇怪了。
這種事情我們還是去零售商那裡繞繞，調查一下好了。
酒
重野酒店
不不，我們才想問呢，最近「獺祭」都沒有送貨過來，是怎麼回事啊？旭酒造！
這不對啊！

我明白了！這間中盤商根本沒有關心商店的情況！
這麼亂來的中盤商，不要再跟他們交易了！
咦？沒關係嗎？
中盤商根本只是中間收個單子，商品不也是全部從我們這兒直接送到商店去的嗎！
的確是……他們總說：「是因為我們去推銷，所以酒屋才會買你們的酒喔」……但實際上，根本就沒有去做啊。
也就是說，我們其實是典型的直營商啊！真的有需要中盤商嗎？
但是社長，這樣會打壞業界既有的習慣啊！
如果不與中盤商交易，不就會擔心可能無法知道誰願意賣我們的酒嗎？

別擔心！我手上有全國各地賣我們「獺祭」的酒鋪清單。
就連東京有哪間店放了我們的酒，我也全都知道！以後就直接販售！直接銷售的話，中盤商拿走的利益也會回到我們身上。
現在由於法律變更的關係，在超商或者折扣店也都能夠賣酒了，我想中盤商應該也過得很苦。
他們可能會來抱怨，甚至來責怪我們呢！
應該會吧……畢竟這樣完全無視業界的習慣。
但酒藏若一直與中盤商結合做生意，在這樣的「溫水」當中，業界才真的會崩毀。

當然，也有同業反而因為擔心我，而來找我談的。
櫻井先生，這樣好嗎？如果不繼續與中盤商交易，會賣不了東西啊！畢竟和中盤商是有簽年約的，他們絕對會購買一定數量的酒，你還是別這麼做吧！
現在我的確有幾間往來中的中盤商，但基本上根本就沒有用，畢竟不能保證中盤商可以養活我們。
所以不和他們交易了。
取消中盤交易後，銷售額馬上提升二〇%。
獺祭
DASSAI

我明白。
我知道這非常勉強，但就去做吧！

永不厭倦的挑戰

二〇〇〇年時停止生產旭富士，公司所造的酒幾乎只剩下純米大吟釀的「獺祭」。
純米大吟醸
獺祭
DASSAI 23
磨き二割三分
豪華
旭富士

這就是我們這次引進的離心機。很厲害吧？這臺機械非常昂貴，日本目前只有二十部左右。

這個……會在哪些部分，產生什麼不同呢？
酒的好壞，可以說取決於洗米和上槽（榨酒）。
先前我們使用的是這部藪田式連續自動壓榨機，採用蛇腹式的結構，從旁邊壓進去，以壓力榨出酒。
但是這部離心機的榨酒方式，是讓酒一分鐘內轉三千次，使酒液自酒醪*分離出來。由於並沒有對米加壓，酒液本身的組織就不容易損毀，也完全不會有稍微殘留的袋臭。

（*釀造時軟化的原料。）

但是這樣無法一次榨出大量的酒吧？
嗯，非常遺憾，這部機器的缺點就是只能用來做高級酒。
最近有好多地方都跟我說什麼「你們那裡的酒很好喝，但是沒有文化呢。」
恐怕是因為沒有杜氏，反而往機械化的方向走吧。大概覺得我們已經失去那種要用手工製酒的堅持。

前幾天在我們那兒的居酒屋，也有人跟我說：「『獺祭』採取自動化技術大量製造，品質應該降低了吧。」
咦！這也太讓人難過了吧？我覺得根本沒有幾個酒造像我們這麼花功夫的呢……
我們公司是將先前只有杜氏或藏人這些人才知道的製酒知識，盡可能轉變為數值，也就是「可視化」。
為了讓品質能維持穩定，製程中自然還是有使用機械比較好的部分。但是這個社會並不了解，針對那些必須人工才能處理的部分，我們其實非常徹底依賴全年製造才培養出來的豐富經驗。
有很多人認為，堅持手工製造的酒藏才能打造出好酒，而引進機械的酒藏品質一定會下降。
我前幾天向紅酒的專家討教……

在法國波爾多地區，據說在一九九〇年以後，就算是氣候條件不佳的年分，也能夠做出還不錯的紅酒了。
這是由於他們引進了不鏽鋼酒槽。聽說是因為從波爾多大學釀造科畢業的年輕製酒人紛紛進了酒廠工作，將原先木製的大酒槽更換為電腦可以控制的不鏽鋼酒槽。
為了便於管理，酒槽尺寸也換小了。這種方式不是跟我們很像嗎？
要讓世人知道這些細節，我們該怎麼做呢？

山口の山奥の小さな酒蔵
獺祭
DASSAI
報導記者
小山克久（假名）
歡迎光臨，我經常閱讀小山先生您寫的酒類報導呢！
哪裡，非常謝謝您招待我過來，但我可不會拿人手短喔，我只會寫自己親眼所見的東西。

好的，我們也希望您這麼做。
還請您寫下自己看到、感受到的東西！
這裡是洗米的作業區，本公司在研磨時，最長需要八十個小時的精米時間，而米會因為摩擦熱導致乾燥。這種時候若隨意將米浸泡在水裡，米會產生裂縫，就無法將其水分維持在〇・二%以下。
使用機械來洗米的話，會無法管理如此細微的吸水率。因此我們非常堅持要用手洗，一天最多會洗五噸的米，要花費機械洗米三倍以上的時間與人力。

蒸米必須要做到「外硬內軟」，也就是外層堅硬但是米芯柔軟。
這個階段必須要使用傳統日式大釜的技術。雖然是需要勞力、非常辛苦的工作，不過為了之後的流程，這是非常重要的步驟，因此絕對不能大意。
原來如此……這和我對「獺祭」原先抱持的印象不一樣呢！
造麴區是整個酒造的心臟地帶，蒸好的米必須以人工搬運。許多酒造已經將這項製程自動化，但使用高壓空氣管來輸送蒸好的米，會影響水分均衡以及米的品質，這樣會影響到後面的製程。

鋪在作業桌上的蒸米要用人工平均攤開來。蒸米在大釜上中下段的狀態都不太一樣，因此必須用手混到均勻。
撒種步驟是撒上種麴。大部分的酒藏也是以自動製麴機來進行這個步驟，但要打造出最棒的米麴，經驗豐富的人工還是不可或缺。
畢竟麴是一種生物，兩天一夜的製麴時間都必須要有人工監管，因為機器無法掌控米粒整體的狀況。
原來如此。

之後會掀開保溫的布料，重新打散米粒，這個步驟叫做「切返」。
目的在於讓水分蒸發，這個時候我們會使用作業桌附設的壓力傳感器*來正確計算出米的重量。
這些數據都累積在旭酒造的電腦當中，成為巨大的資料庫。
每天分析這些酒麴的完成資料，如果麴的力道過強就要稍微調整弱一點。
如果用感覺來製酒的話，是不能夠做這種細節調整的。這就是本公司的「強項」。

（*用來偵測重量的儀器）

投料是在整年維持於五度的發酵室當中進行。必須要經常使用木棒去攪拌，每天早上都取樣進行分析，調查酒槽當中的酒精、糖分、胺基酸等數值。
這些資料也都儲存在旭酒造電腦的雲端當中，員工隨時都可以叫出這些資料，這是為了往後而準備的公司財產。
因此「獺祭」的口味只會越來越好，不管發生什麼事情都不會走味。
我先前真的都誤解了，
「獺祭」的確不是一款用機械打造的酒。

接下來是上槽（榨酒）和裝瓶的製程，這些部分所有廠商都要依靠機械。
雖然會令人感到有些意外，但其實裝瓶這個流程毀了整批酒的情況頗為常見。
我們不做火入*。因為這樣，會有混入雜菌而損傷酒的風險。我們的酒會在冰涼狀態下裝瓶，之後再用機械將溫度提升至六十五度，加熱過後再栓上瓶蓋，然後冷卻回二十度，讓酒回到原先的平衡狀態。
如果採用這種方法，就可以壓抑仍有發酵可能性的酵素成分，卻不會讓香氣跑掉。
我明白了。

（*裝瓶前的低溫加熱殺菌。）

社長！我們要不要打造自己的精米機！
要將米磨到二十三%，與其交給外面的業者，我們自己來做應該會比較安心！
而且這樣也能降低成本。
說的也是，我也正在想這件事情。
但是這種深山之地，有適合作為精米廠的平坦土地嗎？

(噠噠噠)
タッ
タッ
タッ
社長，我找到一塊好地了。距離這裡六公里，在城鎮中心那裡有人要賣一塊一千平方公尺的土地！
真的嗎！
好，我去交涉買地。
台湾料理
50
唔呃……
酒藏的精米廠啊……
不方便嗎？

另外還有好幾間公司都表示想要買這塊土地啊！
而且他們提出的金額都比貴公司來得高……
！
欸，不過我是覺得那塊土地要是蓋了奇怪的娛樂設施或者商業設施之類的，就很討厭了。
如果是酒藏，應該不會破壞景觀和環境吧？
OK！
二〇〇五年　精米廠竣工

同年六月，長男一宏進了公司。
他在東京的大學畢業以後，以上班族身分領別人的薪水七年，然後才回到旭酒造。
一宏，我在考慮將海外市場也納入公司業務。
你從明年起就去紐約吧！我希望你在那裡打造出前進美國的基礎。
我明白了。
社長，請增加新的酒藏空間，目前這樣的空間打造這個量的酒，品質很可能會下降呀。
這已經超過我們的製造能力極限了。
好！我就下定決心先投資吧！

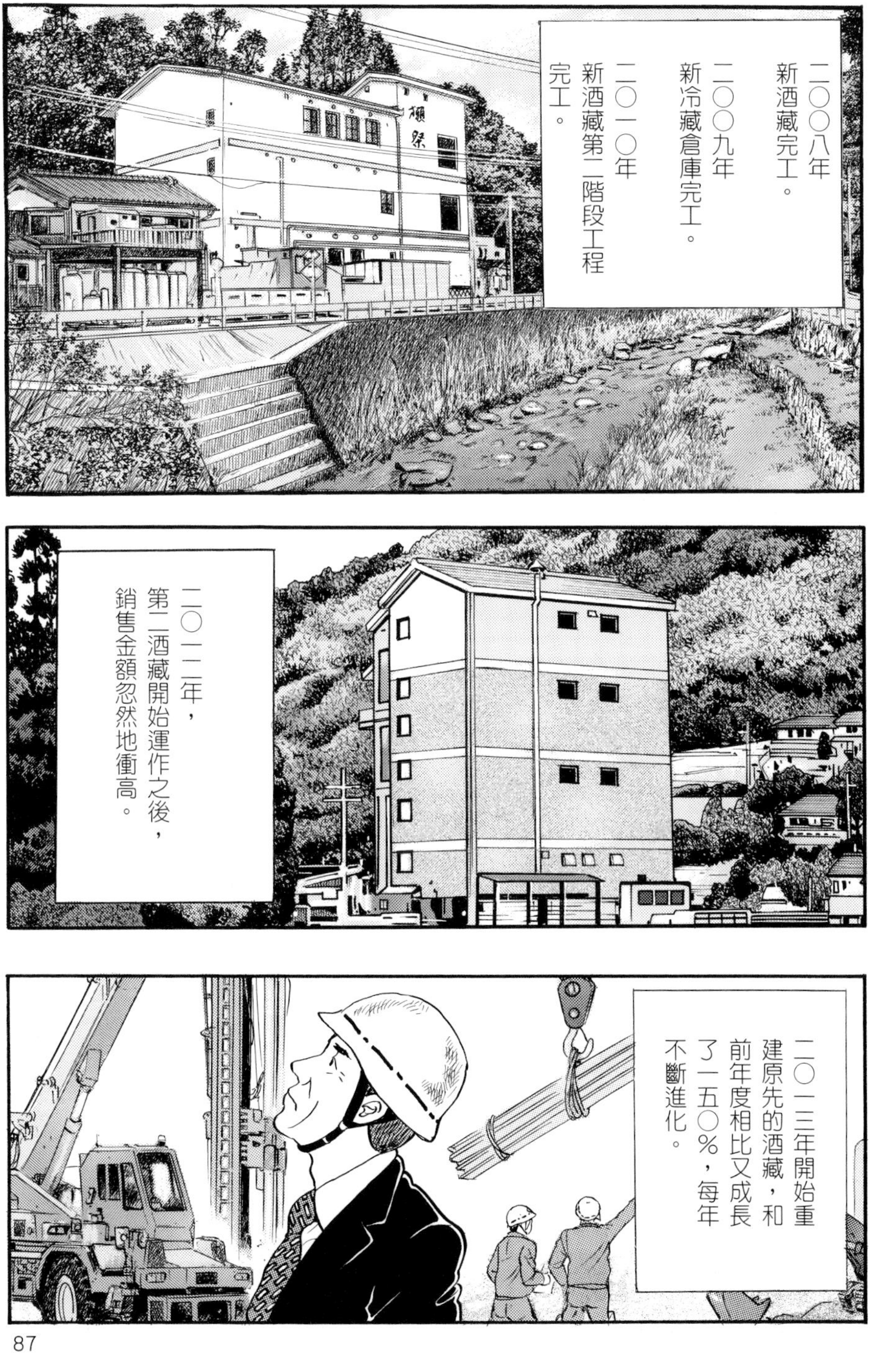
二〇〇八年
新酒藏完工。
二〇〇九年
新冷藏倉庫完工。
二〇一〇年
新酒藏第二階段工程
完工。
獺祭
二〇一二年，
第二酒藏開始運作之後，
銷售金額忽然地衝高。
二〇一三年開始重
建原先的酒藏，和
前年度相比又成長
了一五〇％，每年
不斷進化。

二〇一五年，本藏重建完成。
終於完成了。
在這鄉下可真是豪華！

十二層樓的酒藏還挺少見的！
畢竟土地面積不夠啊，
也只能往上伸展，結果就變成這樣了。
但是想想，高樓層酒藏似乎很合理。
一開始將原料運到最上層，之後的流程只要一層層往下就好了。
哈哈哈哈，說不定真是這樣。
這樣一來，就打造出一個完全適合製酒，以及能讓熟練的員工好好製酒的環境了。
但是父親，我們真的需要這麼大的酒藏嗎？

是啊。
為了繼續提升酒的品質，這是必須要做的事情。

二〇一五年，十二層樓的本藏終於建設完成。
本藏的生產能力是一公升裝三百二十萬瓶，
加上第一和第二藏，合計共為五百萬瓶。
位處山口這深山之處的小小酒藏，
在櫻井博志成為社長後的三十年，
終於與其他大公司並駕齊驅。

走向世界

櫻井博志的長男一宏
於二〇〇五年進入旭酒造後，
第二年便前往紐約。
W 39 ST
CLOSED
SAT-SUN
RESTAURANT
MARKET

聽好了，你會成為今後海外戰略的重要角色。
總之你就在紐約把「獺祭」這個名號推廣出去吧！
我明白了！

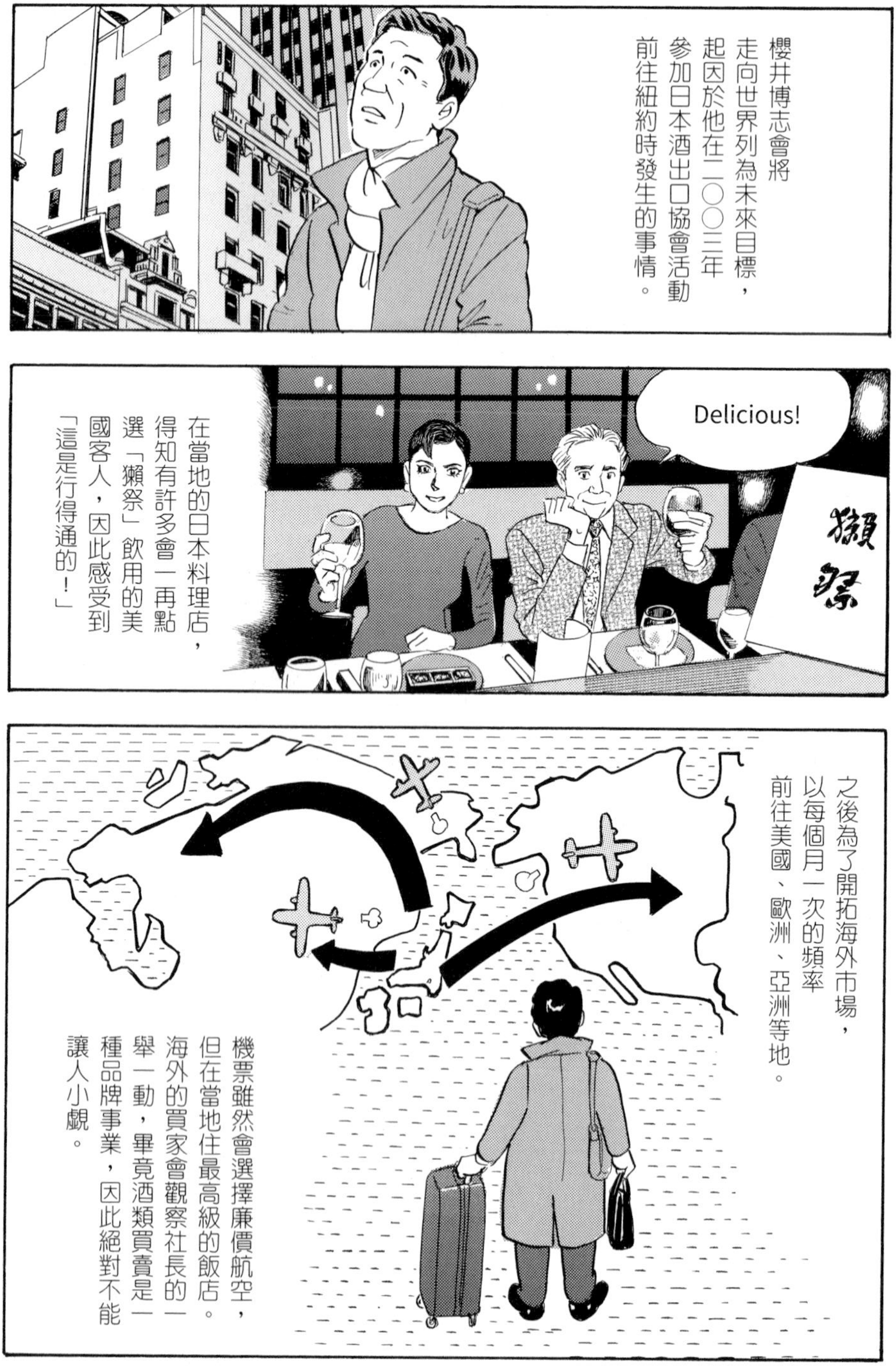
櫻井博志會將
走向世界列為未來目標，
起因於他在二〇〇三年
參加日本酒出口協會活動
前往紐約時發生的事情。
Delicious!
獺祭
在當地的日本料理店，
得知有許多會一再點
選「獺祭」飲用的美
國客人，因此感受到
「這是行得通的！」
之後為了開拓海外市場，
以每個月一次的頻率
前往美國、歐洲、亞洲等地。
機票雖然會選擇廉價航空，
但在當地住最高級的飯店。
海外的買家會觀察社長的一
舉一動，畢竟酒類買賣是一
種品牌事業，因此絕對不能
讓人小覷。

紐約的生活水準非常高，也住了許多高知識分子的客群，這些人就是日本酒的販售對象。
櫻井一宏靠著生疏的英文奮戰，將酒帶進酒鋪裡去販賣。
「獺祭」很好喝的！請你喝喝看，喜歡的話，可以讓我們放在這裡賣嗎？
Sure
好喝！這真不錯呢！務必在我們店裡擺幾瓶啊！
非常謝謝您！

（嘟嘟嘟嘟嘟……）
プルルルル
獺祭
一宏，情況如何？美國那邊可行嗎？
噢，可以！目前正在積極推動品飲會之類的活動，喜歡「獺祭」的人也越來越多了。
我注意到一件事情，美國針對「食物」這方面，似乎對於法國有些對抗情結。
TIME & LIFE
TIME & LIFE

SANDWICHES
提到美國的「食物」，總是讓人聯想到漢堡、熱狗等速食，但是這類餐飲店不可能賣日本酒。
COTTON RESTAURANT
目標是更高階層的人會去的日本餐飲店；或者是高級法國餐廳，在這些地方，所謂「SAKE」是非常時尚的飲品。
我想了一下，如果要將日本酒賣到全世界，那麼下一個應該下注的地方就該是法國了吧……您覺得如何？
法國啊……

好！就先在巴黎建立據點。
我們就驗證一下，有世界美食之都之稱的巴黎，會怎麼喝「獺祭」。

山田錦

「獺祭」使用的是一種名為山田錦的酒米，百分之百使用最高品質的酒米山田錦。
但是……
純米大吟醸
磨き二割三分
獺祭
DASSAI 23
山田錦不夠？
是的！只要有米，我們就能夠打造更多數量，但是買不到山田錦啊！

真糟糕……生產能力明明還夠，卻沒有原料……
社長，
向我們租借農地的××農家，由於年事已高無法繼續下田，所以要將田地還給我們。
面積有多大？
總共三千坪。
好！那我們就用那片田地，自己來種山田錦，自家栽培酒米！
酒藏在冬天很忙，夏天卻比較閒，我們員工自己來種！
去山口縣的經濟連*取得種子。
好的！

（＊主要統整農業協會的買賣事業）

（*這邊「公會」和「工會」是不一樣的，「公會」屬於資方；「工會」屬於勞方。）
當時的酒造業者，一般來說都會透過酒造公會*向當地的經濟農業協同工會聯合會（經濟連）購買酒米。
但是……
咦？他們不賣？
是的。
他們非常冷淡的拒絕，說是雖然快到春天了，但是今年已經沒有種子。
那也沒辦法了，這樣今年只好放棄栽培，明年還是早點拜託他們吧！
但是對方第二年也說沒有，第三年還是拒絕我們。
我懂了！因為我們原先是站在買米立場的酒造業，農協不希望我們耕種，所以才做這種抵抗。
好！這樣的話，我們也有其他做法。

告訴經濟連，
今後我們不會透過縣內的經濟連去買米！
這幾乎是酒藏的革命，除了旭酒造以外，早已受夠農協傲慢態度的酒藏們也幾乎都在同時間發起類似的活動。
旭酒造一馬當先切斷與縣政府及農協的糾纏，直接向全國的生產農家購買。
旭酒造　講演会
山田錦的品質就是一切，我並不在意一定要本地產或國內產。
如果是好的山田錦，就算是澳洲生產的，我也會毫不猶豫地使用！

山田錦主要產地並不是只有兵庫縣，由於氣候變更，近年來山田錦的耕種線也逐漸北移。
櫻井博志召集許多新潟縣、茨城縣、栃木縣的農家，開辦栽培山田錦的教學會。
各位！請栽種山田錦吧！說老實話種植方式的確很困難，但我們會以一般酒米的兩倍以上價格收購！對於農家來說也能增加收入。
旭酒造會穩定購買各位生產的山田錦，還請安心栽種！
各位，難道當領取政府補助的農家會比較好嗎？
或者是種植山田錦因而賺大錢，賺到得擔心所得稅要付多少比較好呢？

那當然是賺到
付大筆所得稅
比較好。
對吧！
二〇一九年七月，旭酒造舉辦
了「山田錦企畫」，
每年會召集全國農家，
比賽誰能夠生產出最棒的
山田錦。
二〇二〇年一月，
以一俵五十萬日圓的價格
（市價為兩萬元左右），
向生產出最棒山田錦的
農家及團體購買五十俵
共兩千五百萬日圓的米。
使用這些
山田錦製作的「獺祭」
是要賣到多少錢啊？
還沒有決定。
不過將來使用
最棒山田錦製作的酒，
設定為四合裝的一瓶
一百萬這樣的價格是
「很有可能」的。
報道

一瓶一百萬日圓嗎？這還真是令人驚愕的價格。
報道
是的，但是請想想紅酒的情況。舉例來說，羅曼尼康帝也是一瓶好幾百萬。
就算是加州的紅酒，也有一百萬的。
我認為一樣耗費功夫，也一樣是七二〇毫升的量，那麼日本酒的價格不輸給紅酒，這也不值得大驚小怪。
GRAND VIN DE CHATEAU LATOUR
PETRVS
POMEROL
MONOPOLE
ROMANÉE-CONTI
SCREAMING
EAGLE
RICHEBOURG
Henri Jayer
畢竟有那種會陸續購買一百萬元紅酒的富裕階層，因此我想打造出對於那些人來說並不覺得會遜色的日本酒。
為了要打造出能與高級紅酒並駕齊驅的高級日本酒，我們已經在法國推廣事業。
這也是為了告訴大家，日本酒不會輸給紅酒。

二〇一三年設立「Dassai France」，社長是櫻井一宏。
該年十二月，在巴黎的「L'Atelier de Joël Robuchon Etoile」候布雄餐廳舉辦宴會，向當地居民展示獺祭。
與會人數大約一百人，這是為了讓此地的人明白獺祭美味的重要宴會。
希望能夠讓居住在巴黎的設計師、甜點師等潮流人士，以及日本女性的網路力量來將「獺祭」口碑推廣出去。

咦？那個人是……
餐廳的創辦人喬爾・侯布雄也來了嗎！
……
カッ
コッ
カッ
（咔噠咔噠）
他一言不發的走了，該不會是不喜歡吧……
在那一年之後——

初次見面。您好，
喬爾・侯布雄先生
有事情要告知您。
喔？
侯布雄先生
是這麼說的：
「比起日本料理，
我的法國料理更適合
搭配『獺祭』，
要不要一起打拚呢？」
××××××××××××
咦！真的嗎？
太榮幸了！還請務必跟我們合作！
merci

能讓法國巨星喬爾・侯布雄來向我們提議這種方案，對我們來說簡直就是如虎添翼！第二天起我們就開始找能開新餐廳的地方。
畢竟掛著侯布雄之名的餐廳招牌，一定不能在什麼偏離大道的巷弄之間。
之後經過一番曲折，終於決定要將店面開在巴黎八區，那整排高級商店的聖奧諾雷市郊路上。

二〇一八年六月「Dassai Joël Robuchon」獺祭・侯布雄餐廳開張。
ASSAÏ 獺祭 · JOËL ROBUCHON
JOËL ROBUCHON
這是結合了侯布雄先生料理與「獺祭」的餐廳。
但非常遺憾，開店才兩個月之後，侯布雄先生就過世了，享年七十三歲。
這間店就像是侯布雄的孩子，
我認為我們必須要繼續追求他託付給「獺祭」的夢想。

二〇二〇年，紐約。
明年春天這裡就會蓋好獺祭的酒藏。
我希望能讓紐約人飲用當地生產的日本酒，而不是進口的。
※ 完成預想圖
雖然紅酒必須在葡萄產地生產，但是米和葡萄不一樣，可以遠距離運送。如果日本送來的山田錦和當地生產的山田錦都能拿來製酒，就再好不過了。

一宏，我們的海外事業如何了？
目前出口有全世界二十個以上的國家，出口部分占了我們的銷售額三成。
可以的話，我希望能夠早點達成銷售額有一半都是在海外賺到的。
日本的人口正在減少，以年齡上來說，會喝日本酒的人口應該會下降到六千萬人左右吧。

因此我認為，將來如果沒有達到銷售的九成是在海外賺來的，將會無法存活。
九成嗎？
沒錯。我們可沒辦法因為稍微有賣出去一點就開心起來的閒功夫。要設想到「將來」啊！
每天都要抱持著背水一戰的心情。
放眼「將來」，「獺祭」今後仍將持續面對挑戰。
獺祭
完

其實我在大學畢業後，前往灘那裡的大型酒造公司上班，在那裡工作了三年之後才回到我老家旭酒造。
旭富士
嗯，這個好！這個題款是我請認識的書法家寫的，字型也很美，我很喜歡。
總覺得這個名字在呼喚我。
咦！真的嗎？
現在沒有杜氏也沒有藏人，所以我讓員工們當起了藏人，一開始只有五個人。
終於完成了。
在這鄉下可真是豪華！
明年春天這裡就會蓋好獺祭的酒藏。
我希望能讓紐約人飲用當地生產的日本酒，而不是進口的。
道這非常困難！但
去挑戰，就無法拓
展眼前的道路！就算說我有勇無謀，或者說我是笨蛋，我還是要挑戰！
獺祭
DASSAI 23
旭酒造株式會社
遠心分離

2017 年 12 月 10 日，刊登在《朝日新聞》早報上的旭酒造宣傳廣告。目的在於為了確保酒的品質而採用「登錄制」，登記銷售的店家必須嚴格遵守販售價格。在「拜託了，請不要以高價購買。」的訊息之下，刊登的是（當時）大約 630 間正式販售店家的清單。

「獺祭」成功的秘密

我與櫻井博志先生的相遇

現在以旭酒造株式會社代表取締役會長身分活躍的櫻井博志先生，便是一手打造出「獺祭」的人。他繼承了家業以後，是如何在慘澹經營下，建立起能夠受到在日本國內外都喜愛的日本酒品牌呢？

我試著以漫畫的方式來表現，同時將那位於山口縣深山這座小小酒藏的歷史描繪出來。大家覺得如何呢？我希望大家能夠從作品中感受到，一個人懷抱熱情與抱負來打動國內市場以後，又以挑戰精神推廣給海外初次接觸此款日本酒的人士。

櫻井先生等人打造出的日本酒，畢竟是一種嗜好品，而每個人喜好的口味又因人而異；當然，也會因爲國家地區、習慣及文化等而大不相同。更何況不同的酒藏也有各自的歷史、文化及堅持的部分，因此有多少酒就有多少故事，能夠讓享用之人滿足自己的喜好。

本章內容爲漫畫中無法表現的部分……也就是我與現任社長櫻井一宏先生的相遇、與會長博志先生所締結的緣分、關於日本酒的事情、「獺祭」的製作方式等，搭配照片從各方面告訴大家他們成功的秘密。也請大家開心地閱覽書中的照片。

其實最一開始，我見到的是尚未就任社長的一宏先生。

可說是我畢生之作的「島耕作」系列，於二〇〇三年迎來連載四十週年。島耕作的故事是從他身爲課長時開始的，現在他也已經升職到顧問，而角色的年齡也已經與作者我本人相符合。在這個過程當中，曾多次將舞臺轉移到海外。當然，我也絕不推辭要前往海外採訪、爲作品打好基礎，現在我也仍會這麼做。

在我的作品當中，會利用各式各樣的人脈去進行採訪，描繪出來的內容裡有五成是娛樂取向、另外五成則是資訊，因此也曾訪問過無數的經理人以及政治家。我切實地吸收與當下事實相關的聲音，同時由於漫畫無法描繪過多細節，所以反而能以較簡單的方式表現出來。正因如此，訪談非漫畫界人士所得到的意見對我來說是非常寶貴的。

印象中是在二〇〇七年左右，那時我正爲了採訪而滯留於紐約，有朋友邀請我：「若是你來紐約，還請務必辦場演講！」由於對方表示「有很多日本的年輕經營者，都想前來學習……」因此我非常樂意地答應了。而櫻井博志先生的兒子一宏先生，也參加了那場演講。

我在紐約的演講結束以後，一宏先生便迅速地與我相約見面。拜見他的名片，上頭寫著「旭酒造」，他表示酒藏就在我的故鄉山口縣岩國市那兒。

「獺祭」這款日本酒在海外非常受到歡迎的事情，我已經從當地認識的朋友那兒聽說了。當然，我在紐約認識一宏先生的時候，已經有許多紐約人只要提到日本酒，就會想到「獺祭」。我聽一宏先生的說明，知道一年中有一半的時間他都在異國度過，努力推廣自己公司打造出來的日本酒。聽他說自己隻身前往語言及文化都不同的海外，一步一腳印累積成果，身爲同鄉之人，我實在感動肺腑。

回到日本以後，有一位企業的常務董事邀請我用餐，由於聽說當時的旭酒造代表取締役社長櫻井博志先生也會到場，因此我非常開心地與會。那是我們第一次見面，不過畢竟我已經見過一宏先生，因此聊得非常愉快。

現在的山口縣岩國市在二〇〇六年時合併了玖珂町、本鄉村、周東町等八個鄉鎮成爲一個市。櫻井先生他們的旭酒造位於周東町，與我的出身地有些距離，因此說老實話，與其說我們是同鄉，更令我覺得比較像是故鄉附近的一間酒造。若是提到岩國當地的銘酒，多半是指「五橋」「金冠黑松」「雁木」「金雀」等，對我自己來說，旭富士和獺祭也只是聽過罷了。

與博志先生見面的時候，聽他聊酒造的事情，讓我對於他的人格抱持著好感。

雖然內心深處有著頑固的個性，但總覺得與我有些相似，有些毛躁而容易過早下判斷，因此也曾歷經許多失敗，但他毫不隱瞞地說出製作在地啤酒等失敗的事情，就如同我漫畫中畫的。

但是，博志先生最厲害的地方，就是能夠針對自己失敗的事情好好研擬對策來走向下一步；就算打輸了，也不會就此一敗塗地。這種男子氣概，想來都反映在他的經營方針上。不在業界內競爭、不與大家以開心聚會的方式往來、也不與他人互相扯其他同業的後腿、不打算輕鬆地只做著與前一天相同的工作等。年齡上他只與我差了三歲，幾乎可以說是同一個世代，因此我與他有著相當的親切感。現在每年也會見面五到六次，愉快地一起用餐。

大約也是在那個時候，在我畫的《會長　島耕作》當中，正好有一段故事是這樣的：有項企畫是要在緬甸建立一座沒有杜氏的酒造，因此我非常詳細訪問了博志會長與一宏社長，那是二〇一六年的事情。

我第一次前往十二層樓高的本藏，要從山陽新幹線的ＪＲ德山站轉搭地方線的岩德線，搭上只有一節車廂的電車、坐了四十分鐘左右，抵達離公司最近的周防高森站。接著還要從車站開車十五分鐘，來到被山川等大自然包圍、一片田野的寂靜小鎮，豎立在當中的本藏是幢非常顯眼的建築。

「緬甸有可能栽培山田錦嗎？」

「沒有杜氏的酒造有什麼樣的特徵？」

「到底要如何製酒？」

我非常仔細地進行訪談。島耕作要挑戰的日本酒名稱是「喝采」。非常明顯的是要致敬「獺祭」（譯註：「喝采」的日文發音爲KASSAI，與「獺祭」DASSAI有異曲同工之妙）。我請他們讓我參觀那聳立於深山小鎮的十二層樓本藏，也請他們仔細告知所有製酒的流程，另外也實際觀看不依靠杜氏來進行的「四季釀造」的架構，了解這一切。

雖然也有些人由於欽羨「獺祭」的成功，而揶揄著「那只是用機械打造的酒」，但絕對不是這樣！正因爲他們非常珍惜酒米山田錦，因此在精米、洗米、蒸米、造麴、投料、上槽、裝瓶等每個流程當中，都耗費大量的人力。如果用一般酒藏的製造流程來看，使用的人力反而是其他酒藏的二・五倍，甚至三倍，這也是我在參觀過現場以後才明白的。最近才開始加入製造日本酒的年輕世代，也有許多人積極學習旭酒造的製酒方式。同時，我也認爲國內外喜愛「獺祭」的客人的熱情，正可以描繪出這一切。

之後他們向我介紹了許多製造流程。

第一次合作企畫「獺祭　島耕作」

二〇一八年六月底，強大的七號颱風挾帶豪大雨侵襲西日本大片土地，七月的時候還發布了大雨特別警報。由於這場豪雨，以西日本為中心，大量地區都發生河川氾濫、淹水、土石流等災害，旭酒造也受到了影響。

被稱為「本社藏」的總公司大樓前的那條河流氾濫，造成一樓及地下室淹水。電腦和伺服器等機械、原料米及酒瓶都泡在泥水裡，並且由於停電造成發酵槽的溫度無法控制，難以維持酒的品質。

對於抱持著「追求用來品味，而非為了喝醉或販售的酒」這種想法的旭酒造來說，這實在是創業以來最大的災難。

博志會長本人向媒體表示，換算成一升瓶，可能要廢棄共三十萬瓶，在恢復產線以前大概會損失製造六十萬瓶的時間。在淹水兩天之後他就召開了記者會，除了自己公司的情況以外，也同時向大眾說明整個地區的災害情況並尋求救濟。

我也馬上撥了電話給博志會長。

「不能用獺祭的名字出貨，應該只能廢棄掉吧。」

他回答我的聲音絕非陷入沮喪，而是一貫不畏懼失敗、持續勇敢前進且滿懷活力的聲響。但是身為一個經營者，我想他必定覺得萬分扼腕吧？剛開始我也抱著要自費買個一百瓶回來的心情。

但我還是問了：「試喝之後覺得味道如何呢？」

博志會長表示：「當然是很好喝囉！」

此時我也得知，酒槽當中還有許多仍在發酵中的美味好酒。

「這樣的話，要不要銷售作為振興當地的經費呢？一瓶賣個一千兩百圓，當中兩百元捐出去。就這麼辦吧！」

博志先生也表示，如果是為了地方，那麼他當然義不容辭。

我們兩人取得共識以後，以飛快的速度將整件事情理出了頭緒。我想若是我們之間還多了代理商或者業界相關人士夾在中間，肯定不會如此。災害過後兩星期左右，我們就處理好一切事項，在八月二日舉辦記者會，發表「獺祭　島耕作」這項商品，這是「獺祭」與「島耕作」第一次聯名合作。

其實一開始也曾想過可以用《會長　島耕作》漫畫中描繪的日本酒「喝采」為這款酒命名，這樣發展感覺似乎也挺有趣的。

以前爲了策畫贈送給讀者的「獺祭」時就已經製作過酒標，當時的印刷圖案也還留著，我想這樣一來，讀者也會很開心吧。但是調查之後才發現，已經有人用「喝采」登錄了商標，因此我們不可能再使用這個名字。

捐款到得太晚就沒有意義了，因此只好用「獺祭　島耕作」這個名字。現在回想起來，這樣的聯名也是很棒的！決定商品名稱後的進展就更加快速了，大家開過會後幾天，就決定重新開始生產。透過各種人脈、聯絡各媒體以後，大概有十五家公司有興趣，因此在八月二日就開了記者會。第一二五頁的照片就是當時的三人合照。

由於報紙及電視新聞有超過一百則報導，因此八月十日發售後，才半天便已售出了五十八萬瓶。原因之一在於平常七二〇毫升的售價就超過三萬日圓、頂級的「獺祭　研磨更上層樓」，和五千日圓左右的「獺祭　純米大吟釀　研磨二割三分」的酒全部都使用同一個酒標，因此大家欣喜地想著說不定會中獎而暢銷。

除了平常就喜愛「獺祭」的個人客戶以外，直接向旭酒造購買商品的酒店、餐飲店等也都打從心底贊同酒造支援地方振興一事，才能讓這首次聯名活動大爲成功。

最後捐款給山口、岡山、廣島、愛媛這四縣共計一億一千六百萬圓。

追求酒藏本質、對於必須要有所變化毫不躊躇、持續打造出比昨天更美味的酒……爲了讓大家更明白「獺祭」這款酒的存在，我想試著探詢究竟日本酒是什麼樣的酒？有哪些種類？並且追蹤「獺祭」究竟是如何製作的。

以「獺祭　島耕作」乾杯的三人。左起為櫻井一宏社長、本書作者、櫻井博志會長。

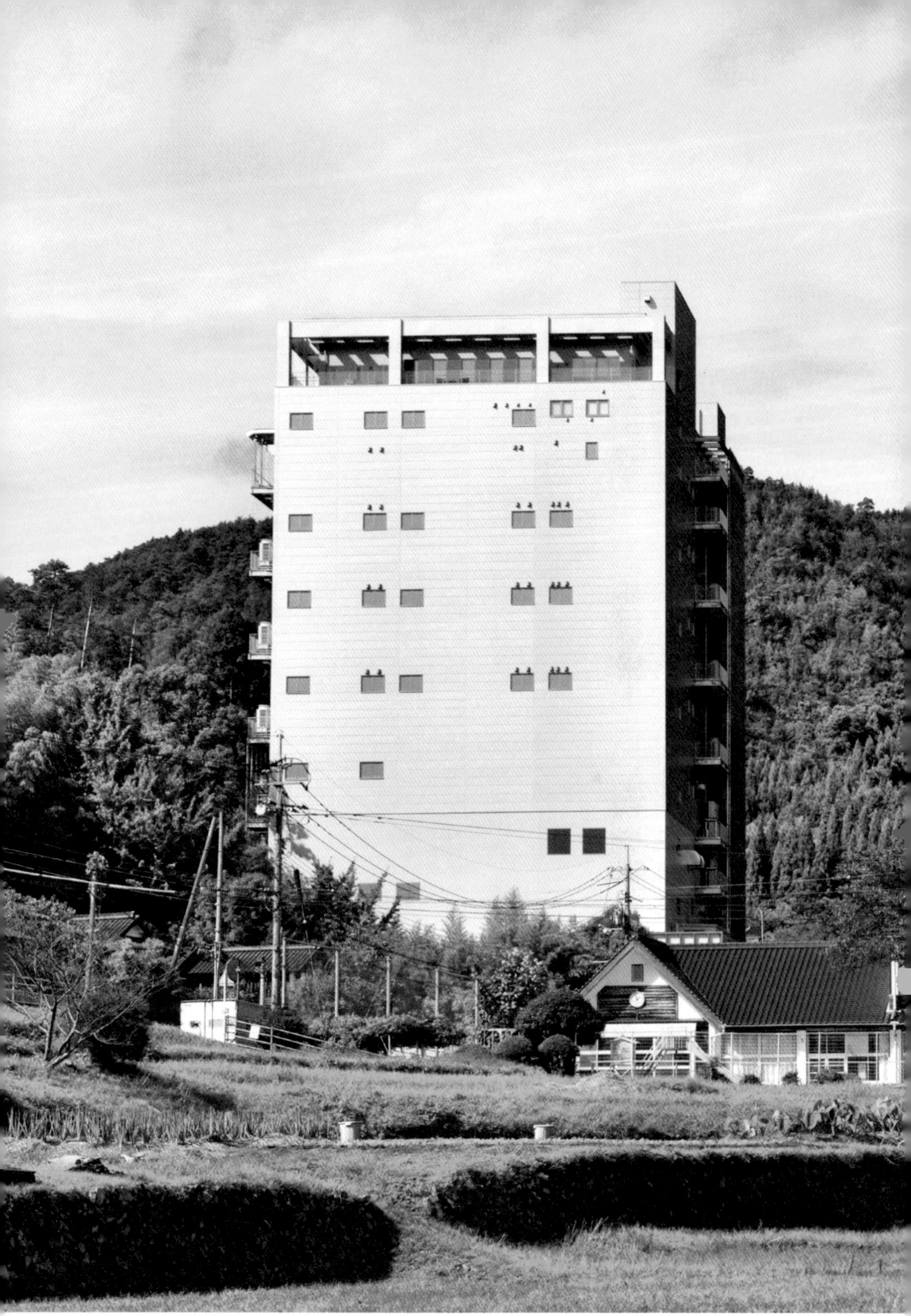

矗立於山間的 12 層樓本社藏，照片前方為當地的小學。

曾有要用口嚼來製酒的時代？

工作結束回家後，我幾乎每天都會喝杯紅酒。我有許多紅酒相關的經驗，雖然是過去的事情了，不過也曾經跟隨潮流出過紅酒的入門書籍。雖然我也挺喜歡日本酒，但仍對日本酒那種獨特的氣味不太適應，因此在我心中，紅酒的地位還是比較高。

但是我第一次喝到「獺祭」的時候，真的非常驚訝。對於喜愛日本酒強烈氣味的人來說，也許會覺得少了點什麼，但這充滿果香的酒真的非常容易入口，在口中會留下餘韻感這一點也與紅酒有共通之處。在漫畫的最後一章我也有稍微提到，在旁人眼中看來，法國料理界巨匠喬爾・侯布雄可說是「愛上了獺祭」，可見這對於海外的人來說，是多麼具衝擊性的口味。

不過，在日本酒業界，由於「不聘用杜氏」「不透過中盤商販賣」「一年四季都依靠機械製造出來的才不是日本酒」等責難，獺祭確實被當成了異端分子。不管在哪個業界都一樣，如果有誰想要打破原先的常識以及價值觀，雖然不完全是樹大招風的情況，但就是會有股力量試圖打擊那個挑戰者。

但客人的眼睛是雪亮的。決定那款酒比較好喝、哪種口味令人感受到價值的畢竟還是消費者。販賣的專家們當然也很清楚現場購買者的意見。

「獺祭」在國內外都提升了日本酒的知名度，也對於業界的銷售貢獻良多，那麼獺祭與其他的日本酒究竟有何不同？讓我們來比較看看一般的日本酒與「獺祭」相異之處，以下就來看看漫畫當中無法詳細描繪的「日本酒」歷史。

日本酒的歷史可以一直回溯到彌生時代，據說在人們固定進行水稻農耕以後，九州地方及近畿地區就非常興盛製酒。在這個時代，會把加熱過的穀物放進口中咀嚼，以唾液中的酵素使其糖化，然後將吐出來的東西放置一段時間，便能夠造出酒，當時使用的便是這種「口嚼」方式。在新海誠導演的動畫電影《你的名字》當中也有提到這件事情，因此可能很多人會略略有印象，不過當時能夠進行這項作業的只有巫女而已。也就是說，當時的酒是非常貴重而且特別的東西。

之後到了江戶時代，酒分為新酒、間酒、寒前酒、寒酒、春酒等，一年四季總共有五次製酒的時間（四季釀造），當中尤以冬季時投料製成寒酒的「寒造」成果最為優秀，以目前的兵庫縣伊丹市為中心，逐漸向外推展當時已經確立的技術。

順帶一提，一六七三年（延寶元年）德川幕府為了統整酒造，因此下令禁止寒造以外的釀造方法，這才是酒造固定在冬季釀酒的最大理由。

現在仍然延續使用的「杜氏」制度也是從那個時候建立起來的，由於製酒成了只有冬季才會進行的工作，所以才交由外派的農民來執行。

這樣一來比較容易確保冬天仍有技術人員、同時也符合低溫及長期發酵等釀造條件，並且也爲了避免發生饑荒時會需要白米存糧，因此只有在冬季才能使用米來製酒等，這些條件齊聚之下造就了「製酒＝冬季」這樣的文化。

大正時代（西元一九一二年到一九二六年）由於一升大小的瓶子開始普及，因此在酒的管理上也開始有了變化。到了昭和初期（西元一九二六年到約一九三〇年），精米機被發明出來、琺瑯槽的出現、採取及分離酵母等技術都逐步革新，因此到了一九三五年左右，走向近代化的周邊機器幾乎都已經齊全了。

到了一九四三年，開始執行「一級、二級、三級、四級」的級別制度。在第二次世界大戰結束後，全國各地的製酒事業陸續恢復。之後在一九八九年，隨著酒稅法修改而引進了「特定名稱制度」，將酒依照原料及製造方法分爲八種，至此終於開始推往日本酒新時代。

分類愈加複雜的日本酒

如同先前所述，由於酒稅法的修改，日本酒的種類變得非常複雜（特定名稱制度）。在那些對於日本酒感到有興趣而想嘗試的年輕人眼中，究竟這些分類是什麼、各自又有何不同呢？我想可能非常困難，因此就在此稍微解說一下。

雖然都叫做日本酒，但是區分為「純米酒」「本釀造酒」「吟釀酒」等，依其原料及製造方法不同，共分爲八種（詳細請參考一三五頁的表格）。這些酒必須使用根據農產物檢查法※所訂立的三等以上玄米，以及十五%以上的白米製作酒麴。

※針對種類及品質等參差不齊的農產品，依據一般交易商品等客觀條件來進行分類，使商品有一定的規範標準。目前規範的種類包含米穀（稻穀、玄米、精米）、麥（小麥、大麥、裸麥）、大豆、小豆、菜豆、新鮮切絲甘藷、蕎麥、澱粉共十個品項。

①純米酒

只使用「米、米麴、水」來製作的清酒。所謂清酒，是指以米爲原料，必須經過過濾步驟，且酒精度數不滿二十二度的酒。也沒有添加酒精或者糖類等物品。因此添加了其他原料的「料理酒」或者未經過濾的「濁酒」都不能稱之爲清酒。

②本釀造酒

除了「米、米麴、水」以外，還使用了釀造用酒精的清酒。所謂釀造用酒精，指的通常是以甘蔗爲原料，在發酵、蒸餾後製作出來的高純度酒精。添加用量爲白米重量的一〇％以內、精米比例※在七〇％以下就稱爲「本釀造酒」。由於無味無臭，因此是有著澄澈風味的日本酒。

※精米比例在日文中稱為「精米步合」，是將原料米（玄米）的表層（蛋白質、脂質、澱粉等營養素）削磨去除之後留下來的部分占整體的比例。比例的數值越低，則米粒的雜味就會越少，能夠讓飲用者享用香氣華美的酒。相反地，比例數值高的酒，雖然香氣較低，但能夠品嘗到活用白米美味的醇美口味。

③「**特別純米酒**、**純米吟釀酒**、**純米大吟釀酒**」「**特別本釀造酒**、**吟釀酒**、**大吟釀酒**」

不管是純米酒或者本釀造酒，只要使用低溫發酵長達一個月左右的「吟釀造」法來製作，就可區分爲下面幾個種類。

◎精米比例在六〇％以下的酒稱爲「吟釀酒」（若爲純米則是「純米吟釀酒」）

◎精米比例在五〇％以下的酒稱爲「大吟釀酒」（若爲純米則是「純米大吟釀酒」）

另外，就算沒有使用吟釀造法來製酒，只要精米比例在六〇%以下，又或者使用其他特殊方法來製酒的話，就稱爲「特別純米酒」「特別本釀造酒」。

但是這類特定名稱是讓廠商自行決定是否標示，並沒有標示的義務，舉例來說有些廠商雖然製作的是「大吟釀」卻仍標示「吟釀」等，這類名稱的標準並非絕對。

④普通酒

若不屬於①～③當中任何具備特定名稱的酒類，便稱爲「普通酒」。在從前日本酒有級別制度時區分出來的「一級酒、二級酒」等名稱，由於長久使用之故，大多數人都對這類名稱有著親近感。後來也有酒造公司各自以「特撰」「上撰」「佳撰」等級別來進行區分，沿用至今。

◎「獺祭」屬於哪一種？

這是我曾經詢問櫻井博志會長的事情。

「獺祭所有的商品精米比例都在五〇%以下，那麼純米大吟釀和純米吟釀的差異是什麼呢？」

據說從以前就有很多客人提出這樣的問題。事實上旭酒造自己使用的標準比國稅廳還要嚴格，在他們的商品當中，精米比例在五〇％以下的稱爲「純米吟釀」，四〇％以下的才稱爲「純米大吟釀」。（也就是說〈獺祭 二割三分（精米比例二十三％）〉與〈獺祭 三割九分（精米比例三十九％）〉是純米大吟釀；而〈獺祭 45〉及〈獺祭 50〉則分類爲純米吟釀。商品詳細內容請參考本書一五六到一五七頁）。不過目前已經將所有精米比例不同的商品，一律統一爲「純米大吟釀」。

將白米一半以上都研磨掉才能製成的「大吟釀酒」，是每間酒藏使用各自的技術來挑戰精米比例製成，從這方面看來是非常奢侈的酒。但日本酒的複雜正在於，「精米比例高＝好酒」並非絕對，這同時也是日本酒的魅力。

日本酒分類

	本釀造酒	純米酒	普通酒
原料	米、米麴、水、釀造用酒精（白米總重量10% 以內）	米、米麴、水	米、米麴、水、釀造用酒精（白米總重量10% 以上）、其他原料
精米比例	為了提高風味與香氣而添加釀造用酒精	不使用釀造用酒精，活用米粒原有的美味	通常使用較多釀造用酒精，精米比例也比較高
無規定	—	純米酒	普通酒
70% 以下	本釀造酒	純米酒	
60% 以下	特別本釀造酒	特別純米酒	
	吟釀酒	純米吟釀酒	
50% 以下	大吟釀酒	純米大吟釀酒	

獺祭在這裡！

※ 本表參考《打造常勝的「架構」 獺祭的口頭禪》（櫻井博志著　KADOKAWA 出版）

無人知曉「獺祭」所下的工夫

雖然寫得非常簡單扼要，但我想大家多少能夠了解日本酒的歷史與目前非常複雜的分類。另外再補充一點，就是二〇二〇年酒稅法修改以後，添加了許多規範，允許製造出口用日本酒的新廠商加入。如此一來挑戰將日本酒推向海外的門又開得更大了。

接下來終於要詳談「獺祭」了。櫻井博志先生接手時經營不善的旭酒造，爲何能夠成長爲目前銷售規模超過一百三十億圓的酒藏呢？爲何他們打破了「製酒的權利在杜氏身上，經營者不可插手，只需要專注於銷售商品」這種業界普遍常識，卻還是成功了？讓我們來挖掘這個秘密。

要解開「獺祭」爲何能有孜孜不倦的挑戰精神，就必須先將目光轉向日本酒的原料。所謂原料，當然指的就是米。打造日本酒不可或缺的米是「酒米」（正式的名稱是「酒造好適米」，指適用於製酒的米），與我們日常生活當中享用的一般米（食用米）並不相同（但也可能會使用一般米來打造日本酒）。

幾個有名的品種就是「山田錦」（主要產地爲兵庫縣）、「五百萬石」（主要產地爲新潟縣）、「美山錦」（主要產地爲長野縣）等，登記在案的總數量大約有一百二十種以上。日本全國栽培的米，包含一般米大約有九百種以上，也就是說當中約十三%是酒米。酒米與一般米的差異，簡單的說有以下三項。

①顆粒較大（因爲精米的時候需要研磨掉外側）

②「心白」（米粒中心白色不透明的部分，黏度高且易溶於酒醪當中）

③較爲適合釀造（蛋白質及脂質較少，蒸米時的吸水率、適合酒麴等）

製造「獺祭」的時候，只使用酒米中有帝王之稱的「山田錦」。目前已經廣受全世界人喜愛的「獺祭」，若說其美味是由山田錦打造出來的，一點也不爲過。因此只用一句話來說明「獺祭」的話，那麼就是：

「只使用山田錦打造的純米大吟釀。」

約莫如此。山田錦與其他的酒米相同，特徵是顆粒比一般米來的大。但正因爲特徵是顆粒很大，因此稻穗非常容易因爲無力支撐米粒的重量而倒下，被認爲栽培非常困難。種植起來如此困難的山田錦，要如何能夠穩定確保來源呢？拿到多少山田錦，就等於決定了獺祭的產量。因此旭酒造以酒藏身分與地區簽訂了「村米契約」，建立起對雙方都有利的關係。

並非所有使用「山田錦」製造的日本酒都非常好喝

使用「酒米帝王」山田錦來打造的日本酒都非常好喝……若這麼想，可就大錯特錯了。以前博志會長曾向我說過：「只使用山田錦製造的純米大吟釀＝獺祭能夠如此美味，秘密就在精米比例、也就是研磨米粒的技術。我們的研磨技術以〈獺祭二割三分〉爲頂點，使用最高超的技術，平均能夠研磨到剩下三十五％。但並非單純研磨就能夠做出好酒。我們從製造流程當中留下出確實的數據資料，堅持連〇・一％的含水量或者〇・一％的溫度都不能出差錯，徹底進行管理。在我們這種想法及堅持之下，加上能夠好好通過這些考驗又兼備品質及品格的山田錦，才一起打造出最棒的酒。因此要培植山田錦，並不是隨隨便便的農家就能夠辦到。正因爲是有著高遠志向及技術的人們所種植出來的米，與我們的技術融合在一起，才能夠造就出這樣宏大的結果。」

酒藏所培育出來的精妙技術，與栽米農家種植出高品質山田錦的高超技藝共同演奏出完美和弦時，才能夠將華麗而優雅的外放香氣及芬芳醇厚的口味、濃密的內蘊香氣、結合整體口感的酸度，整合成完美的平衡。

旭酒造從二〇一八年起開始進行一項非常有趣的嘗試。在漫畫的最後一章也提到了這件事情，由於希望農家們能夠「挑戰最棒的山田錦」，因此建立了「超越極限 山田錦大賽」。在二〇一九年舉辦第二屆的時候，我以特別審查員身分參加大會。

可參加大賽的是與全國三十九家與旭酒造簽約的山田錦生產農家，獎項包括冠軍、亞軍及優秀獎共三名。旭酒造會以兩千五百萬圓、一千萬圓、五百萬圓向前三名農家購買各五十俵的米，是非常令人驚訝的比賽（一般的市場交易價格是一俵兩萬到三萬圓左右）。

首先，請全國預定參加的農家各自送一公斤的米過來，在預賽當中使用一千粒以下的米，以機械研磨三次之後，分析顆粒的完整程度及成分。接下來在不告知產地及生產者的情況下，進行五個階段的評審。最後選出九款山田錦進入最終決賽。

嘗試以超越極限的山田錦，打造前所未見的「獺祭」

我也參加了二〇二〇年一月舉辦的最終審查會。雖然二〇一九年全國天候不佳、收成狀況比往年都差，但各地送來了精心栽培的山田錦共四十五款（報名參加數量共一百六十件），從當中選出最後九款來進行評審。

由於全部都非常棒，因此評審時間也稍微拖長了些。社長一宏先生也非常認眞的對我說：「如果材料夠好，那麼就更有可能打造出最棒的酒。由於舉辦這個前所未聞的比賽，打造出日本第一山田錦的農家也會覺得十分自豪，這個企畫也是爲了爲日本的農業帶來活力。」

審查結果最後選出三名，我也很榮幸向他們獻上祝福的話語。

「這筆錢想要拿來投資在設備上，用來打造出品質更棒的山田錦。」

「雖然天候實在不是很好，但努力有了結果，眞的很開心。」

獲獎者的笑容彷彿爲明天帶來了希望，我也覺得十分欣喜。

作者將祝福交給一舉獲得冠軍的獲獎者

由長年經驗打造出的旭酒造技術與人工力量

接下來就要探討旭酒造的製酒過程了。

在漫畫的「永不厭倦的挑戰」一節當中曾經稍微提到製酒的過程，以下就詳細介紹以最棒的山田錦來打造最佳的純米大吟釀，旭酒造究竟有哪些自我堅持。

旭酒造會將精米、洗米、蒸米、造麴、投料、上槽、裝瓶等所有製酒步驟得資訊都整理爲檔案。從前只有專家＝杜氏依靠「經驗及感覺」來打造出的製酒過程，現在全都「可視化」，讓所有人都能簡單地明白其內容，徹底挑戰最好的製酒方式。

首先最初的步驟「精米」需要耗費難以想見的長時間。光是精米比例要達到五〇%，就得要耗費三十小時；磨到剩下二十三%，則需要精米七十五到八十小時。

「米粒越磨，越能夠打造出口味豐滿柔軟的酒。但光只是研磨，無法打造出好酒。研磨是絕對需要的條件，卻不是只靠這個條件就能辦到。」

以上是博志先生告訴我的。竭盡心力培育出來的米，用最精良的技術去研磨，才能夠稍微提升釀出好酒的可能性。研磨之後，爲了避免因爲摩擦熱而失去水分的米粒裂開，會使用獨家的儲存袋來保存管理。

由左上順時針方向看起，分別是山田錦的玄米、精米比例 50% 與 23%。差異顯而易見。

藉由手洗來控制水分含量

精米過的米在靜置一個月後，就要進入「洗米」的步驟，此處仍然有著酒藏的堅持。酒米原先是不含糖分的，因此必須要使主成分澱粉藉由麴的力量轉換爲葡萄糖，因此在洗米的下一個步驟「蒸米」時的水分含量就變得非常重要了。也就是說，「洗米」將決定水分含量。

旭酒造一天最多會「洗米」大約五噸，但會盡量分爲小批以手洗來進行。這絕對不是爲了營造出手工感。而是因爲要在洗米的時候將米的水分含量控制在〇．一到〇．二％的精密度。

經過控制水分含量的蒸米表面水分較少，麴菌便能夠確實進入米粒當中繁殖。這樣一來，即使「投料（發酵）」經過很長一段時間，深入米粒內部的麴菌也能好好發揮原有的功效。

正因如此，一般來說使用機械只要一小時左右就能夠做完的工作，在旭酒造需要從早到晚共有五到六個人以手洗來完成。

以手工的精密技術來控
制那細微的水分變化。

蒸米與造麴的細密關係

「造麴」的下一個步驟是「投料（發酵）」，由於需要耗費四十五天之久，為求在這段期間之內，麴都能夠保持其發酵的力量，「蒸米」是非常重要的。正因如此，必須要打造出蒸完之後每一粒外側堅硬而內部柔軟的米粒。

在「洗米」步驟已經提到，為了要藉由麴菌的力量，將米的澱粉轉換為葡萄糖，如何讓麴菌能夠輕鬆進入米粒中心部「心白」，蒸米的狀況是非常重要的。

在旭酒造，刻意選擇了能夠以大火蒸米的日式大釜技巧，讓米粒的澱粉成為容易被麴菌酵素分解的狀態。

蒸米之後就是「造麴」。這個步驟也完全不使用機械，完全憑靠手工進行。為了要打造出最棒的麴菌，除了掌握米的狀態（溫度及濕度）以外，也必須時而溫柔的、時而激烈地對待米粒，因此製麴經驗豐富的人手是不可或缺的。員工在兩天半的期間內，會有四名負責人員日夜換班持續工作。除了以嗅覺及味覺確認麴菌狀態以外，也必定會拿進檢查室裡進行科學測量。

低溫長期發酵，打造出芳醇口感

飲用「獺祭」的人，幾乎都會對於此款酒的順口及芬芳香氣感到訝異。我在第一次參觀製酒流程的時候，也對於「投料（發酵）」間裡飄出那種難以言喻的水果香氣感到非常驚訝。

發酵室裡維持酵母生存極限的五度左右，槽中的酒醪表面上浮現無數的氣泡，正是發酵的證據。麴、蒸米、酒母（酵母）、投料用水……這些東西要在發酵槽中熟成至少三十五天，最長則可能需要五十天。

麴菌的酵素會將米粒的澱粉分解爲葡萄糖提供給酵母，而酵母吸收了葡萄糖之後便將其轉換爲酒精。酒醪也就越來越接近日本酒……在如此複雜的發酵製程當中，必須纖細地守護著它們、精密調整溫度等，因此難以機械化。這個步驟需要觀察自然發酵熱及攪動酒醪使其均勻，也必須要以人工進行。

負責人員會逐一使用電子溫度計測量酒醪的溫度，然後以木槳攪拌，是非常原始的方式，但此精密的溫度管理，正是要打造最棒的酒不可或缺的步驟。

酒的好壞取決於最初的洗米與最後的上槽

漫畫當中也提到的河村傳兵衛先生，打造出了靜岡吟釀造酒用的靜岡酵母，而他曾經說過這樣的話。

「日本酒的品質取決於洗米及榨酒（上槽）。」

我也曾聽博志會長提過，就算做了品質還不錯的酒，還是可能在最後的「榨酒」階段毀了一切，可見「上槽」這個流程有多麼重要。

這個步驟是要把酒醪區分爲酒液及酒粕，目前主流上大多使用過濾壓榨機來進行，這個方法是使用壓力讓酒醪通過纖維濾網，將酒榨出來，但是酒液卻很容易沾染上纖維的氣味。

旭酒造是日本的酒造業界當中第一家引進離心分離機的公司。由於在無加壓狀態下將酒液自酒醪中分離，因此能夠保留純米大吟釀原先具備的香氣及柔滑等優點。不過畢竟離心分離價格高昂，與一幢房子比肩，因此這裡同時也使用過濾壓榨機，打造出許多種「獺祭」。

引進日本第一部離心分離機之後，便能以打造出品質更好的日本酒為目標。

就連裝瓶都有所堅持，才能展現出「獺祭」特有的風味

在我前往觀摩之前，我也不明白「裝瓶」這個步驟究竟有多麼重要。聽說有許多杜氏竭盡心力打造的好酒，都會在裝瓶的時候失敗而毀掉。在旭酒造，剛榨好的酒會以新鮮的狀態保存，直到酒能夠散發出圓潤而自然的甘甜。

之後，一般的酒造會使用「碳過濾」（將活性碳加入清酒當中來過濾酒液）來吸附色素、去除雜味及異臭、防止染色等。

但是旭酒造以冷藏儲存新鮮酒液之後，會直接在冷卻的狀態下裝瓶，再以清酒加熱裝置（能夠正確控制溫度進行殺菌的機械）昇溫至六十五度後封瓶。

接下來，會用瓶裝冷卻機械迅速降溫至二十度，直接跳過會改變風味的體溫上下溫度帶（三十六度左右）。這樣一來「獺祭」的口味就不會在裝瓶時劣化，在冰箱裡調整好口味均衡以後，才會送到客人手上。

從品質優良的山田錦開始，到最後的裝瓶，將所有仔細留意製作的步驟累積起來，才成就了「獺祭」的魅力。

DASSAI

接下來的挑戰，是將最高級的日本酒推廣到全世界

以上向大家介紹了一般不容易看到的「獺祭」製作流程。我想大家已經能夠明白，除了最尖端的技術以外，他們也重複累積不可動搖的經驗，才具備足夠的資料量，再加上各種堅持搭配對應的人力，結合這些條件才能夠打造出獨特的口味。

在深山的小小酒藏，歷經重重考驗才獲得了這許多技術與行動力量。我想應該沒有酒藏比他們更加徹底實踐「打破既有觀念」這句話吧。

在博志會長還任職社長的時代，不斷挑戰、打破當時日本酒業界的常識。「不雇用杜氏」「不經過中盤商」「一年四季釀造」等等，持續挑戰這些當時的酒造公司絕對不會去做的事情。

然而卻有許多酒商、眾多餐飲店、大量的顧客認同「獺祭」的口味。即使獺祭的價格並不算是非常便宜……但這款沒有雜味、香氣高雅的日本酒，除了受到了解大部分酒精飲料口味的人喜愛以外，就連平常不太飲用日本酒的客人也都非常支持，因此一口氣拓展到全國。在日本酒整體需求低迷的時期，「獺祭」卻跨出了非常大的一步。

之後在二〇〇五年時一宏先生進了旭酒造，這部分漫畫當中也有描述。

第二年起一宏先生就前往紐約，憑藉資訊與自己的雙腳踏遍餐飲店，除了話語推銷以外也請大家實際飲用「獺祭」，改變了當地對於日本酒既有的印象。現在已經有各式各樣的廠牌將自家的酒出口到海外，但先驅其實是「獺祭」，這話絕對不爲過。

話雖如此，在全世界流通的酒品如此之多……紅酒、啤酒、白蘭地、威士忌等，回頭看看「獺祭」，知名度實在還是沒有那麼高。正因如此，博志會長與一宏社長率領的旭酒造仍繼續挑戰更上層樓。

使用最棒的山田錦與最強的釀造技術，打造出最高級的日本酒，然後推廣到全世界！

結果到底將會如何，我身爲一個頗爲愛酒之人，也感到非常期待。目前他們已經決定二〇二一年要與號稱世界最大的料理大學「CIA（The Culinary Institute of America）」合作，在紐約建製酒藏。對於「獺祭」將展開的全新故事，我也感到雀躍不已。

永遠追求最佳口味的
「獺祭」產品種類

獺祭　研磨更上層樓

此款「獺祭　研磨更上層樓」是以超越「獺祭　研磨二割三分」為目標打造出來的酒。但並非站在二割三分的延長線上，而是以超越原先品質的風格打造出的日本酒。目標是成為與最高級紅酒齊名的日本酒，持續更進一步的挑戰。

720ml ／ 33,000 日圓

（左）獺祭　純米大吟釀　研磨二割三分　遠心分離
（右）獺祭　純米大吟釀　研磨三割九分　遠心分離

這兩款是將原先以壓力榨酒的品項另外使用離心分離技術，不施加壓力榨出的高級品。更加洗練的華美與纖細感充分表現出酒的厚度及深度。還請務必飲用後比較「二割三分」與「三割九分」的差異。

研磨二割三分　遠心分離
1800ml ／ 16,995 日圓　720ml ／ 8,497 日圓
研磨三割九分　遠心分離
1800ml ／ 7,931 日圓　720ml ／ 3,965 日圓

獺祭　早田　純米大吟釀　研磨二割三分

「火入」是日本酒特有的技術，能夠讓日本酒在長時間保存下品質仍不受損，方法就是將酒過熱水，使酵素及酵母失去活性。此款酒是與明治大學已故之早田保義教授合作，發展出讓酒的品質即使長期保存也不會有所變化的方法，是終極的火入酒。

720ml ／ 11,000 日圓

獺祭　純米大吟釀　研磨二割三分

以日本最高技術將山田錦研磨至剩下 23% 的極限，挑戰最棒的純米大吟釀。除了華美的外放香氣以外、口味芳醇、在口中也具備濃密的香氣、統整口味的微酸度，渾然一體的酒液使人感受到無比平衡，同時能享受清爽的餘韻。

1800ml ／ 10,780 日圓　720ml ／ 5,390 日圓
300ml ／ 2,266 日圓　180ml ／ 1,529 日圓

獺祭　純米大吟釀　研磨三割九分

這是精米比例 39% 的純米大吟釀，也是最能夠輕鬆享用獺祭口味的一款酒。不過，能夠一整年都製造精米比例 30 多的酒，實在是非常厲害。畢竟雖然現在大吟釀的價格已經較為便宜，大家飲用的機會也增加了，但主流還是 40 ～ 50% 左右。

1800ml ／ 5,082 日圓　720ml ／ 2,541 日圓　300ml ／ 1,061 日圓
180ml ／ 682 日圓

獺祭　純米大吟釀 45

「純米大吟釀 45」是獺祭起跑線上的酒款。將山田錦研磨到剩下 45%，能夠享用來自米粒的纖細甘甜及華麗香氣。是「獺祭」所有商品中出貨數量最大的一款，非常受歡迎！

1800ml ／ 3,300 日圓
720ml ／ 1,650 日圓
300ml ／ 688 日圓
180ml ／ 440 日圓

獺祭　純米大吟釀　氣泡 45

以「純米大吟釀 45」作為基底，與香檳的製法相同，進行「瓶內二次發酵」所打造出的氣泡酒。不使用二氧化碳，直接在發酵的時候裝瓶，活酵母會在瓶中持續發酵，帶來令人舒適的刺激感。

720ml ／ 2,046 日圓
360ml ／ 1,023 日圓
180ml ／ 511 日圓

後記

位處山口縣的深山，卻挑戰走向全世界的日本酒——「獺祭」。我一直想著希望能用漫畫來表現出這個成功故事，沒想到就有人來找我談這個製作企畫。我回想起博志會長與一宏社長曾跟我談過的各種事情，也針對不明白之處以及新資訊等重新採訪，一邊做分鏡、和工作人員一同打造出這部作品。

我就老實說了，在製作這部漫畫的同時享用「獺祭」，成了增添故事深度以及我創作欲的動力。要花多少時間才能夠展現出這樣的口味呢？辛勤勞碌的過程想必化為不少眼淚流過許多人的臉頰。我感受著那些無力對抗而累積起來的挫折、艱辛與失敗，以及成功的氣息，將它們都濃縮在這一百多頁的漫畫世界當中。

漫畫的製作是在二〇二〇年一月下旬展開的，沒想到整個世界都變得有些慌慌張張。眼所不能見的病毒力量改變了整個世界，不只是都市機能，幾乎整個經濟活動都停擺了。在我漫長的人生當中一路走來，不曾想過會經歷這樣的情況。我身爲一個四十年來都在製作商場漫畫的人，對於這種全世界經濟經營方式逐漸改變的體驗，除了感到恐懼以外，也不禁覺得自己就像是在電影中登場的角色一般，心情非常複雜。

雖然這麼說似乎很奇怪，但我同時也想起了在「獺祭」製造流程當中曾經體會到，眼所不能見的微生物（麴菌）們活潑發酵的活動樣貌。依憑環境卻又逐漸調整四周的微生物姿態……這讓我不禁想著，我們人類一味追求、選擇眼前所見到的事物，這樣的常識及價值觀是否能藉此機會重新審視而改變呢？

接下來整個世界都要重建，希望本作品的主角們那挑戰精神及突破極限的力量，也能夠激勵許許多多人生出夢想與希望的力量。我打從心底如此祈禱，將這本書的稿子付梓。

二〇二〇年六月吉日　弘兼憲史

國家圖書館出版品預行編目資料

「獺祭」的挑戰：從深山揚名世界的日本酒傳奇 弘兼憲史 著；黃詩婷 譯.
-- 初版. -- 臺北市：圓神出版社有限公司，2021.04
160 面；14.8×20.8公分
ISBN 978-986-133-760-9（平裝）

1.旭酒造株式會社 2.製酒業 3.企業再造 4.漫畫 5.日本

463.81 110001416

Eurasian Publishing Group
圓神出版事業機構
用心與你對話．視野無限寬廣
圓神出版社
Eurasian Press

www.booklife.com.tw reader@mail.eurasian.com.tw

圓神文叢 297

「獺祭」的挑戰：從深山揚名世界的日本酒傳奇

作　　者／弘兼憲史．HIROKANE PRODUCTION
譯　　者／黃詩婷
發 行 人／簡志忠
出 版 者／圓神出版社有限公司
地　　址／臺北市南京東路四段50號6樓之1
電　　話／（02）2579-6600．2579-8800．2570-3939
傳　　真／（02）2579-0338．2577-3220．2570-3636
總 編 輯／陳秋月
主　　編／賴真真
責任編輯／林振宏
校　　對／林振宏．歐玟秀．林雅萩
美術編輯／簡　瑄
行銷企畫／陳禹伶．黃惟儂．林雅雯
印務統籌／劉鳳剛．高榮祥
監　　印／高榮祥
排　　版／陳采淇
經 銷 商／叩應股份有限公司
郵撥帳號／18707239
法律顧問／圓神出版事業機構法律顧問　蕭雄淋律師
印　　刷／祥峰印刷廠
2021年4月 初版　　2021年11月　2刷

"DASSAI" NO CHOSEN YAMAOKU KARA SEKAI E
BY Kenshi Hirokane and Hirokane Production

定價 290 元　ISBN 978-986-133-760-9